山东社会科学院出版资助项目

海洋经济大数据研究

MARINE ECONOMY BIG DATA RESEARCH

孟庆武◎著

中国社会科学出版社

图书在版编目（CIP）数据

海洋经济大数据研究 / 孟庆武著. -- 北京 ：中国
社会科学出版社，2024. 10. -- ISBN 978 - 7 - 5227 - 3853 - 6

Ⅰ. P74

中国国家版本馆 CIP 数据核字第 202445XA92 号

出 版 人	赵剑英
责任编辑	王　曦
责任校对	殷文静
责任印制	戴　宽

出　　版	中国社会科学出版社
社　　址	北京鼓楼西大街甲 158 号
邮　　编	100720
网　　址	http：//www.csspw.cn
发 行 部	010 - 84083685
门 市 部	010 - 84029450
经　　销	新华书店及其他书店

印刷装订	北京君升印刷有限公司
版　　次	2024 年 10 月第 1 版
印　　次	2024 年 10 月第 1 次印刷

开　　本	710 × 1000　1/16
印　　张	12.5
插　　页	2
字　　数	172 千字
定　　价	69.00 元

前　言

　　数据作为数字时代的新型生产要素，打破了传统生产要素的质态，是形成新质生产力的优质生产要素。早在数字或者文字出现之前，数据就已经产生了，"上古无文字，结绳以记事"。在文字和数字产生之后，人类的探索欲和表达欲达到了空前的高度。随着人类记录和需要分析的数据的增多，统计学应运而生，其中的抽样统计方法，帮助人类完成了较大数据的统计分析，比如人口统计等，在计算机发明之前的阶段，数据基本上以数字的格式进行记录和分析。计算机的发明，也是为了更好地开展统计分析计算工作。直到20世纪中期，计算机信息科学开始大发展，计算机能够处理的数据格式不再仅限于结构性的数字，文字、图像、声音等非结构数据也得以存储和分析，为大数据科学的发展提供了技术支撑。

　　海洋经济大数据目前并没有统一的定义，一般认为是指海洋经济活动所产生的大数据。中国在2003年5月发布的《全国海洋经济发展规划纲要》中，对海洋经济的定义是开发利用海洋的各类产业及相关经济活动的总和。OECD将海洋经济定义为海洋产业的经济活动以及海洋生态系统的资产、产品和服务之和，并指出海洋经济应包括不可量化的自然资源和非市场价值的产品和服务。因此，本书主要从海洋综合管理、海洋产业、海洋生态环境三个方面去研究界定海洋经济活动，由这三个方面产生或相关的大数据即海洋经济大数据，对海洋经济大数据的应用研究，也主要从海洋综合管理大数据、海洋产业大数据、海洋生态环境大数据三个方面进行阐述。

为了引出海洋经济大数据的概念，本书还对大数据、海洋大数据等内容进行了论述。目前，大数据的应用已经深入人们的日常生活，在商业、交通、社保等领域的应用也较多。海洋大数据目前也为人类感知和认识、预测和预报、开发和保护海洋提供了前所未有的丰富信息和决策支持，在海洋防灾减灾、海洋气候预报、海洋航运交通、海洋水文地理气象、海域与海岸带使用监测等领域有了广泛的应用。相对而言，有关海洋经济大数据的应用则比较少见，这与海洋经济大数据范围不清、收集方式和开发应用难度大有很大关系。

本书从概念和应用理念上对海洋经济大数据进行了初步的探讨，在应用实践方面还需要更深一步地研究。限于作者水平，书中内容难免有疏漏和不当之处，敬请专家学者批评和指教。

孟庆武

2024 年 7 月 10 日

目　　录

第一章　大数据概述

随着信息技术的发展，尤其是海量数据存储、云计算、互联网技术的广泛应用，人类的生存、生活和发展都开始了数字化进程，数据成为人类社会必不可少的部分，人类社会也开始从信息时代进入了"数字时代"。"元宇宙"概念的提出标志着人类社会数字化拉开了帷幕并进入了快速发展阶段，在人类数字化的过程中，不仅需要海量的数据支撑，同时也会产生更多的数据。在一切都可以数据化的时代，大数据已经成为一种全球各界关注的热点。大数据简单来说就是大量或海量的多类型、快存储、具有较高应用价值的数据集合，大数据的这种特点决定了其采集和存储难度较高，因此近年来对大数据的研究多集中在大数据的采集、存储和价值挖掘等方面。

第一节　大数据的缘起

2005 年雅虎公司开展了一个用来解决网页搜索问题的 Hadoop项目，后来演变成为一个由多个软件产品组成的开源应用系统，采用 Hadoop 分布式文件系统（即 HDFS，横跨多台计算机的分布式文

件存储系统，为存储和处理超大规模数据提供所需的扩展能力）的
可靠数据存储服务，以及利用一种叫作 Map Reduce 技术（一种编
程模型，用于大于 1TB 的大规模数据集的并行运算）的高性能并行
数据处理服务。通过运行这两种服务，对结构化和复杂化的数据进
行快速可靠的分析，大体上实现了全面而灵活的大数据分析。美国
计算社区联盟（Computing Community Consortium）在 2008 年发表的
白皮书《大数据计算：在商务、科学和社会领域创建革命性突破》
中，对大数据进行了论述，并提出新用途和新见解是大数据的真正重
要之处，而不是数据本身以及处理数据的机器和应用软件。"大数
据"的概念在计算机科学研究机构中广泛使用，这也使得美国计算
社区联盟成为普遍认可的最早提出大数据概念的机构。2010 年 2 月，
《经济学人》发表了《数据，无所不在的数据》，这篇长达 14 页的大
数据专题报告提道："世界上有着无法想象的巨量数字信息，并以极
快的速度增长。从经济界到科学界，从政府部门到艺术领域，很多方
面都已经感受到了这种巨量信息的影响。科学家和计算机工程师已经
为这个现象创造了一个新词汇：'大数据'"。① 维克托·迈尔 - 舍恩
伯格和肯尼斯·库克耶在《大数据时代：生活、工作与思维的大变
革》一书中指出："大数据将成为理解和解决当今许多紧迫的全球问
题所不可或缺的重要工具。"②

　　麦肯锡全球研究院于 2011 年 5 月发布《大数据：创新、竞争
和生产力的下一个新领域》报告，将对大数据的关注提到一个新的
高度，因为这是专业机构第一次全方位地介绍大数据和展望其发
展。该报告指出，当前大数据已经渗透到人类社会的每一个行业和
业务的智能领域，并且成为重要的生产因素之一，人类通过对大数
据的挖掘和运用，将带来新一轮的生产率增长以及消费盈余浪潮。

---

① 陈颖：《大数据发展历程综述》，《当代经济》2015 年第 8 期。
② ［英］维克托·迈尔 - 舍恩伯格、肯尼斯·库克耶：《大数据时代：生活、工作
与思维的大变革》，盛杨燕、周涛译，浙江人民出版社 2013 年版，第 243 页。

报告中还提到，大数据的产生来自人类社会生产、收集数据的能力和速度的提升，同时，随着越来越多的人、机通过传感器和互联网的数字网络进行连接，人类社会产生、收集、传送、分享和访问数据的能力和水平将得到革命性的提高。2012 年 1 月，世界经济论坛于瑞士达沃斯召开，大数据成为该论坛的主题之一，论坛上发布了名为《大数据，大影响》（*Big Data*，*Big Impact*）的报告，报告提出数据已经成为一种像货币或黄金一样全球新的经济资产类别。在同年 4 月，美国软件公司 Splunk 在纳斯达克成功上市，成为第一家上市的大数据处理公司。Splunk 成立于 2003 年，提供大数据监测和分析服务的软件。Splunk 成功上市引起并促进了资本市场对大数据领域的关注，同时 IT 厂商纷纷加快大数据产业布局。2012 年 7 月，联合国在纽约发布了《大数据促发展：挑战与机遇》白皮书，提出了各国政府应合理使用所掌握的数据资源，利用大数据更好地服务和保护人类，以及如何"与数俱进"，快速应对大数据的发展。

全球大数据领域的发展和大数据产业的活跃，加快了相关技术演进和应用创新的发展进程，各国政府也逐渐认识到大数据在推动地区经济发展和改善公共服务上具有重要意义，同时大数据应用在增进人民福祉，乃至保障国家安全方面都具有重大意义。掌握数据的数量和技术决定了今后进一步挖掘并超越数据本身的信息的能力。因此，数据已成为与能源、原材料等相媲美的国家战略资源，在当前数字技术蓬勃发展的条件下，将成为继域名、根服务器等重要网络资源之后，各方竞相争夺的中心[①]。大数据技术从商业应用行为上升到国家科技战略的标志是 2012 年 3 月美国政府发布的《大数据研究和发展倡议》，宣布将在大数据领域投资 2 亿美元，这也意味着大数据已经引起了政府层面的广泛关注和重视，大数据成为当前世界发展的重要时代特征。美国政府将数据定义为"未来的

---

① 王文逸：《美国大数据战略的国家利益分析》，硕士学位论文，郑州大学，2018 年。

新石油"[1]，提出大数据技术领域的竞争，事关国家安全和未来，国家层面的竞争力将部分体现为一国拥有数据的规模、活性以及解释、运用的能力，并且提出了国家"数字主权"的概念，体现对数据的占有和控制，数字主权将是继领土和石油矿产之后，另一个大国博弈的资源空间。2014年5月，美国发布了全球"大数据"白皮书《大数据：抓住机遇、守护价值》，进一步明确了大数据的价值，并提出了大数据应用过程中需要重视个人隐私、公平和防歧视等方面的研究。

中国也一直关注大数据的发展。早在2011年12月，工业和信息化部发布的《物联网"十二五"发展规划》中，信息处理技术作为4项关键技术创新工程之一被提出来，其中海量数据存储、数据挖掘、图像视频智能分析等信息处理技术都是大数据领域的重要组成部分。在2014年《政府工作报告》中首次出现"大数据"的提法，指出要设立新兴产业创业创新平台，在大数据等方面赶超先进，引领未来产业发展。至此，"大数据"成为国内热议词汇。2015年，国务院正式印发《促进大数据发展行动纲要》，明确提出要推动大数据发展和应用，在未来5—10年打造精准治理、多方协作的社会治理新模式，建立运行平稳、安全高效的经济运行新机制，构建以人为本、惠及全民的民生服务新体系，开启大众创业、万众创新的创新驱动新格局，培育高端智能、新兴繁荣的产业发展新生态。《促进大数据发展行动纲要》的印发标志着大数据正式上升为国家战略。2016年和2021年，《大数据产业发展规划（2016—2020年）》《"十四五"大数据产业发展规划》相继出台，系统地提出了要推动大数据在工业研发、制造、产业链等产业全流程各环节的应用，支持服务业利用大数据建立品牌、精准营销和定制服务等。2022年出台的

---

① 转引自鲍旭源《大数据时代视阈下的网络经济伦理研究》，硕士学位论文，中共四川省委党校，2017年。

《"十四五"数字经济发展规划》中，也明确提出"数据赋能"，以实际应用需求为导向探索建立多样化的数据开发利用机制。

第二节　大数据的特征

关于大数据的特征，维克托·迈尔－舍恩伯格和肯尼斯·库克耶在其所著的《大数据时代：生活、工作与思维的大变革》一书中，提出了大数据的"4V"特征，即大量（Volume）、多样（Variety）、价值（Value）、高速（Velocity）。IBM公司在此基础上又加上了真实（Veracity）这一特征，提出了大数据的"5V"特征。其中，大量性（Volume）是指大数据的数据量大，包括数据采集、存储和计算的量都非常大。这里的"大"是相对的数据概念，信息数据一般采取二进制数表示，以位（bit）和字节（B，Byte）为单位，B、KB、MB、GB、TB为常用单位。对于搜索引擎来说，EB属于比较大的规模，而大数据的量则达到PB（1000个TB）、EB（100万个TB）或ZB（10亿个TB）。多样性（Variety）是指大数据的多样化，即来源和种类的多样化。大数据的来源包括网络日志、音频、视频、图片、地理位置等，不同的数据来源使得大数据的种类包括结构化、非结构化和半结构化等多种类型。结构化数据是指按照一定的结构收集的数据，即在数据库中，先定义数据的结构或者模式，然后严格按照定义的结构或模式来收集、存储、计算和管理数据。非结构化数据则是指不存在或者很难发展为统一结构的数据，即在未提前定义结构的情况下或者未按照预定结构来收集、存储、计算和管理的数据。非结构化数据一般无法利用传统的关系数据库直接进行存储和管理、处理，以图像和影像信息数据为主，也包括各种格式不统一的文档、文本、图片。半结构化数据则是介于两者之间的数据类型，即虽然同样是在未定义结构的前提下收集的数据，但是在经过一定转换处理程序后，能够利用传统关系型数据库进行存储和管理的数据。多种类型的大数据对数据库和数据的处理能力提出了更高的要求。价值性（Value）是指大数据具有价值。但是海量的高价值、低价值甚至无价值的数据混在一起，人工筛选已无能为力。如何利用机器算法通过业务逻辑来筛选信息和挖掘数据价值，是大数据时代最需要解决的问题。高速性（Velocity）是指大数据的高速特征，表现为大数据增长速度快，数据的处理速度快，数据的时效性要求也高。真实性（Veracity）是指大数据的真实特征，即大数据对数据的准确性和可信赖度具有较高的要求。大数据反映的内容与真实世界息息相关，真实不一定代表精确，但一定不能是虚假的，这也是大数据分析的基础。基于真实的监测与行为产生的大数据，才具有应用意义，因此，如何甄别真假数据，也是值得研究的领域。

对大数据的"5V"进行进一步的归纳，又可以提炼出大数据与之前数据在意义上的不同之处。首先，大数据大量性的特征意味着样本处理不再以随机抽样为主，全样本即全体数据处理成为可能。人们研究利用某事物时，不再局限于少量或随机的数据样本，而是可以对这一事物的所有数据，以及与其相关的大量数据进行分析，数据分析进入全数据模式，样本不再是通过采样来获得，而是真正意义上的所有样本。这对社会科学领域影响最大，目前社会科学非常依赖样本分析、研究和调查问卷，这种抽样调查的结果，不仅无法保证所收集信息的全面性，而且因为调查人员、被试人员存在的心理和行为上的偏见，往往也无法保证真实性和准确性。而当大数据分析取代样本分析时，人们可以收集过去无法收集的信息，即人类日常表现出来的平常状态，这将大大提高社会科学研究和决策的科学性和准确性。

其次，大数据多样性和低价值密度的特征意味着准确性的结构化数据成为过去，非准确性，即混杂的非结构化数据将成为数据的主流。在数据越来越多的情况下，使用所有可获取的数据变成可能，而同时数据量的大幅度增加也带来了数据的不准确，甚至包括一些错误的数据也会混进数据库。当然，数据的收集和使用都要尽可能地避免错误，只是面对庞杂的大数据，为了了解大致的发展趋势、找到数据的各种关系，对精准性做出一些让步是可取的。在科学实验背景下产生的大数据，比如人类基因编码等，对于如何采集数据、处理数据都已经过提前设计和限定，得到和收集的数据无论是检索还是识别，都具有统一的规律可循。而人类社会活动产生的大数据，如网络社交等信息数据，有许多不同于科学实验数据的特点，包括多源异构、交互性、时效性、社会性、突发性和高噪声等，不但非结构化数据多，而且数据的实时性强，大量数据都是随机动态产生①。随着数据量的增加，数据的错误率不可避免地大幅增加，在一定程度上造成了大数据的混乱。然而混乱并不是单纯由量的增加造成的，格式的增加也进一步加剧了数据的混乱，因此，在进行数据处理之前的数据清洗，就显得尤为重要。

最后，大数据的高速性和真实性的特征意味着大数据使用过程中，相关关系将比因果关系更为重要。因果关系即"为什么"，人们对未知事物的好奇和探索是人类世界日益进步的重要原因之一，这也使得追求因果关系，解释"为什么"成为科学研究的主要内容和方式，无论自然科学还是社会科学，"假设—推理—验证—推广"成为普遍的研究模式。然而大数据的应用更多的则是相关关系的应用，知道"是什么"就可以开展应用，而没必要知道"为什么"。比如维克托和肯尼斯曾以谷歌流感趋势预测和亚马逊图书推荐为例对大数据的相关性应用进行了描述②。相关关系的核心是量化两个数据值或多个数据值之间的数理关系，相关关系强即当一个或多个数据值增加时，另一个或多个数据值很有可能随之增加；相关关系

---

① 李国杰、程学旗：《大数据研究：未来科技及经济社会发展的重大战略领域——大数据的研究现状与科学思考》，《中国科学院院刊》2012 年第 6 期。

② ［英］维克托·迈尔－舍恩伯格、肯尼斯·库克耶：《大数据时代：生活、工作与思维的大变革》，盛杨燕、周涛译，浙江人民出版社 2013 年版，第 38 页。

弱则另一个或多个数据值几乎不会发生变化。当然，严格地讲，即便没有相关关系，某些情况下另一个或多个数据值也可以大幅变化，只是没有趋势可循罢了。在大数据时代，人们会观察到许多似是而非的相关关系，如何判断有用的相关关系，进而进行准确的预测，将成为大数据分析和应用的重要方面。计算机技术和算法的进步，使得这些庞大而复杂的分析成为可能，比如前面提到的谷歌预测流感趋势的例子，就是通过计算机把检索词条在5亿个数学模型上进行测试之后，才准确找到了与流感传播最相关的词条[1]。通过分析处理大数据发现相关关系，并在此基础上进行有效的预测，将成为大数据应用的核心内容。

第三节 大数据的分类

大数据的分类目前没有统一的标准，按照数据格式可简单分为结构化数据和非结构化数据。联合国欧洲经济委员会（UNECE）按照来源和生成方式将大数据分为3大类，一类是以互联网为基础来源于社交网络的数据，是人类在网络上的种种社交行为产生的信息数据；二是以实际业务为基础来源于传统业务的数据，是企业和个人在行政管理和经营过程中产生的数据；三是以各类探测设施为基础来源于物联网的数据，是各类传感器等机器设备生成的数据[2]。欧盟统计局则在宏观经济社会统计分类的基础上，将大数据归纳为如下十大类。一是金融市场数据，主要来源于银行、证券公司、金融监管部门等，数据内容包括股市和汇市、金融衍生品、期权交易和报价等信息产生的高频数据，一般用于宏观经济分析和预测。

---

① ［英］维克托·迈尔－舍恩伯格、肯尼斯·库克耶：《大数据时代：生活、工作与思维的大变革》，盛杨燕、周涛译，浙江人民出版社2013年版，第38页。

② UNECE Task Team，"Classification on Big Data"，*UNECE Wiki*，June 2013.

二是电子支付数据，主要来源于银行、金融服务公司和信用卡公司等，数据主要是人们交易行为产生的记录，包括信用卡、银行借记卡、信用转账、支票交易等信息产生的高频数据，一般用于监测分析个人和机构的消费行为、收入和支出、商品销售、资金流动等经济相关活动情况。三是移动通信数据，主要来源于手机网络运营商、第三方软件开发商等，包括通过移动手机接收和拨打电话、短信、微信等信息数据，一般可用来进行人口密度、人口流动、人口分布统计以及交通、旅游统计等。四是物联网数据，主要来源于政府部门和企业部门，包括汽车、船舶、飞机、智能表、检测监测设备等附带的传感器、追踪器数据，以及自动传输收集的数据，这类信息较多且庞杂，但是以结构性数据为主，一般可用于交通流量统计、人口流动分布统计以及能源资源统计等。五是卫星遥感图像数据，主要来源于政府部门和私营部门，包括卫星遥感拍摄的各种高清图像，一般可用于测量和监测国土面积、农业和林业种植面积、农作物产量及其结构分布等地理统计信息。六是价格扫描数据，由零售商提供的各类商品价格、销售情况等高频数据，一般用于价格监测和预警、地区商品价格指数编制等。七是网络抓取价格数据，主要是利用网络抓取技术自动灵活地收集电商网上价格数据，以补充和扩展消费者价格指数范围。八是网络搜索数据，从互联网收集特定关键词的搜索量和搜索频率，或者是来自搜索引擎的网络数据，一般可用来分析公共舆情、情绪和政策反应等。九是文本数据，收集新闻媒体、各类百科等以文本摘要为主要形式的各种信息数据，从中挖掘经济社会活动的变化趋势和规律特征。十是社交媒体数据，包括在推特、Facebook 等网站上用户相互沟通交流的信息，是人们的行为反应和活动①。

---

① Buono, D., Mazzi, G. L., Marcellino, M., et al., "Big Data Types for Macroeconomic Nowcasting", *Eurostat Review on National Accounts and Macroeconomic Indicators*, No. 1, 2017.

第四节 大数据的应用

大数据时代的来临，让全球各行各业都高度关注其研究和应用。信息时代的重点从追求计算机的计算速度转变为追求大数据的处理能力，从以软件编程为主转变为以分析应用数据为中心。在人工智能、云计算技术和海量数据存储技术的助力下，大数据的收集、分析和应用已经成为当前学术界、商业界、工业界及政府关注的热点和焦点。大数据的应用将对社会各个领域产生深刻影响，从公司战略到产业生态，从学术研究到生产实践，从农村发展到城市管理，甚至国家治理和国际格局都会发生变化。大数据的一个重点应用即监控与预测，通过数据的监控、数据异常及数据分析为事物发展的未来趋势进行预测[①]。目前，这也是大数据应用最多和最成熟的地方。

一 大数据在商业上的应用

商业数据因其利用价值长期以来受到企业的重视，但是企业自身产生的数据通常只是被视为企业经营核心业务所产生的附属部分，或者因为知识产权和个人隐私等信息限制被归为相对狭窄的类别，被束之高阁或因缺少理念、方法和技术而无法发现并发挥它的作用。但随着大数据技术和理念的发展，人们认识到所有的数据都具有十分重要的价值，数据也开始成为一种重要的"产品"。同时，数据还具有"非竞争性"和"非排他性"，即数据不同于物质性的

---

① 韩宝宁：《基于大数据的区域经济对航运发展的驱动研究》，硕士学位论文，重庆交通大学，2018年。

事物，个人的使用不会妨碍其他人的使用，数据的价值也不会随着它的使用而减少，并且没有使用目的和方法的限定，可以为了相同或者不同的目的，利用不同的分析方法进行多次分析和利用。维克托和肯尼斯指出，在大数据时代，人们的人脉关系、想法、喜好等日常生活信息都被收集起来，只要有足够多的数据，不管是手机上使用的数据、杂货店购物记录、在线约会网站个人简介，还是社交网站和手机应用 App 如脸书、推特、微博、淘宝等平台的用户记录等，利用这些原始数据进行分析处理，都可以获得巨大的价值①。大数据在商业领域的应用，主要体现在通过各种应用、传感器以及外部资源收集到的企业的数据，经过大数据分析处理，得到可实践的知识或者科学的新发现，能够直接应用于企业的运营优化、新市场发现、精准预测、故障和欺诈行为的检测、决策优化等方面。有很多公司甚至依靠提供相应咨询而存在，而这些咨询只有通过大数据才能实现，也就是说大数据不仅具有改变企业发展和性质的能力，还造就了很多新的公司和商业业态，即以专业收集、处理、分析大数据为主要业务的公司，它们大多是咨询公司，专门负责从数亿名消费者中收集个人信息并提供数据分析咨询服务，比较知名的专业大数据公司有美国的安客诚（Acxiom）、益百利（Experian）和艾克飞（Equifax）等。而由于公司业务不同或者处于大数据产品链中的不同位置，有些公司的主要业务可能会收集大量的数据，但并不擅长使用这些数据，通信运营商就是典型。通常来说，通信运营商在传输信号的同时会收集用户的位置信息以及使用频率等数据，但是受制于个人隐私保护或者公司的主营业务方向，通信运营商并没有利用或者充分利用这些数据来谋取利益，而这些数据一旦被其他类型的公司——比如某些广告公司——获取，则会通过分析

---

① ［英］维克托·迈尔－舍恩伯格、肯尼斯·库克耶：《大数据时代：生活、工作与思维的大变革》，盛杨燕、周涛译，浙江人民出版社 2013 年版，第 11 页。

这些大数据而发布个性化位置广告服务和促销活动，这些数据在它们手中则变得更有价值。除了因保护隐私或者公司能力有限而无法利用数据以外，大数据的价值有时候并非来自单方面的数据，而需要通过多方数据汇总或者重组而来的，这也是有些大数据价值无法被发现和应用的一个重要原因。因此，为了更好地发现大数据的价值并展开更好的应用，同时随着大数据相关技术的成熟，使得数据的交易和流通成为可能，各地纷纷成立了大数据交易所，进行大数据的交换和交易。

二　大数据在数字政府的应用

政府由于其强大的资源掌控能力，在智慧城市、数字城市、电子政务、宏观调控等方面，对大数据的收集和应用相对较多。同时，政府还担负着包括统筹建设云网和大数据基础设施、统筹管理数据资源、制定实施大数据相关的法规条例和管理办法、保障大数据使用安全等职能。大数据在数字政府的应用，包括数字（电子）政务、数字经济、数字惠民等方面。数字政务主要是利用数据采集系统及云、网、端等城市硬件，建立应用场景，整合市政、环境、交通、应急、执法和城市规划实施等，构建城市大脑，实现集城市感知、分析、指挥、服务、督察于一体的数字治理。建设政务信息资源共享交换平台，提供跨层级、跨领域、跨系统的数据共享服务，实现数字政府无纸化办公、跨部门协调调度等功能。建设智慧型经济服务平台，即政府依托大数据、云计算、移动互联网、人工智能、物联网、区块链等高新技术，通过搭建统一高效的智能化服务和管理平台，以日常经济生活产生的巨量数据的集成和共享为途径，实施信息互动、数据分析、预期管理、企业帮扶、社会化服务等不同经济管理职能，打通信息壁垒推动实体经济和数字经济融合发展，实现智能化、系统化、自动化的经济服务和管理①。以推进政务经济数据归集、共享、开放和应用为突破口，通过大数据的共享应用，实现经济的宏观调控；数字惠民则主要体现在政府利用大数据开展各类民生服务，提升社会服务智慧化水平，包括出行、生活缴费、教育等智慧生活服务，以及"无证明入学"、电子证照、"零跑腿"等服务创新模式。

三 大数据在产业经济上的应用

大数据极大地拓宽了信息来源，革新了产业经济分析的方法论。传统的经济统计模型以信息的因果关系为主，而大数据分析则主要考虑数据的相关性。产业经济系统关系错综复杂，很难准确检验产业经济中的因果关系，而相关关系的检验则较为可靠，充分利用数据间的相关性对于政策制定、经济预测和预警意义重大，这为产业经济分析在宏观决策中的应用提供了很大的服务空间②。不仅如此，大数据在产业上的应用，直接形成了大数据产业，即以数据为对象的数据生产、数据采集、数据存储和管理、数据价值挖掘服务等为主的经济活动，包括数据资源基础设施建设、数据应用软件产品开发、数据交易活动等。大数据产业包括三类，一是大数据的核心产业，即专门应用于大数据运行处理流程的硬件、软件、技术服务等；二是大数据的关联产业，即在大数据运行处理流程中提供服务的产业，包括提供基础设施、处理工具、相关技术等的产业；三是大数据的融合产业，即通过大数据与其他行业领域的融合而产生的新兴业态或者升级业态③。中华人民共和国工业和信息化部

---

① 王彬：《深圳市智慧型经济服务平台建设研究》，硕士学位论文，广西师范大学，2019 年。

② 王钧超：《大数据时代产业经济信息分析及在宏观决策中的应用——以钢铁行业为例》，博士学位论文，中国地质大学（北京），2016 年。

③ 赛迪智库：《2018 年中国大数据产业发展水平评估报告》，2018 年 4 月 16 日。

2021 年 11 月发布的《"十四五"大数据产业发展规划》指出，大数据，包括物联网、人工智能等关联技术与产业的融合渗透不断向深层次延伸发展，大数据已经应用到经济运行和社会生活的各个领域，以大数据驱动产业数字化转型的新模式、新业态不断涌现。大数据领域关键核心技术将加速突破，跨学科、跨领域交叉融合技术研究将成为发展重点。

第二章　海洋大数据

　　海洋占据着地球 70% 多的表面积，在向海洋进军的漫长岁月里，起初人类远离海岸去海洋探险，并非出于对海洋本身的兴趣，而是对海洋的对面是否有陆地感到好奇。最早期的一些出海的航海者都是为了寻找新的生存之地，比如波利尼西亚人，他们早在 2000 多年前就在太平洋中的很多岛屿上定居下来。随着时间的推移，人们才开始渡海从事贸易以及掠夺，"行舟楫之便"，"兴渔盐之利"，虽然对海洋的探险随着新大陆的发现而遍布全球，然而对海洋的开发和认知即使在今天，也多限于大陆架浅海及海岸带。伴随人类从事涉海活动，为了满足自己的需要和无止境的求知之心，人类也开始了对海洋本身的探索，寻找航线、绘制海图、测量海底深度、了解海洋的秘密，并留下了大量珍贵资料。在 18 世纪和 19 世纪，詹姆斯·库克船长和查尔斯·达尔文的航海探索开了海洋学研究的先河，他们采集记录了很多重要的海洋信息，比如洋流、海水温度、海水深度、海洋地质、海洋生物等数据。但直到 19 世纪末期，随着英国皇家海军舰艇"挑战者"号的航行，海洋学作为一门学科才正式诞生。这次航行是人类真正意义上的首次"科考航行"，以尽可能多地采集各种海洋信息为目标，并将采集到的数据交由建立在陆地上的海洋学研究所分析整理。这也成为海洋大数据研究的开始。

第一节 海洋大数据概述

随着卫星传感和网络等高新技术的发展，人们用卫星、飞船和汽艇、无人机、岸基雷达以及海岸观测站、舰载探测平台、全潜或半潜探测平台、浮标、水下机器人和下潜器、海底观测网等构建了一个个天、空、海面、水中、海底的立体监测和观测网络，将海洋的浩瀚、丰富的资源、多变的水文气象、人类开发海洋的活动转变成了五花八门、瞬息万变的大数据源。而来自海洋的具有自然属性的大数据，与人类开发海洋的社会、经济、历史、文化、法律等人文活动数据相互交织，形成了海洋大数据。海洋大数据并不是大数据的分类之一，因为大数据的分类并没有按照陆地大数据、天空大数据等这些要素来进行划分。从大数据应用的角度看，海洋大数据即应用于海洋领域的大数据。通过对海洋大数据的深层挖掘和相关性分析，人们找到掩藏在数据背后的关联现象，发现新的规律，进而为人类开发和利用海洋提供支撑。

莫里的航海图，是大数据应用的最早实践之一。19 世纪 40 年代，身为美国海军军官的莫里（Matthew Fontaine Maury，1806—1873）因腿部受伤无法胜任海上航行的工作，被安排至图表和仪器厂工作并被任命为负责人。这使得他有机会接触库房里面堆积如山的航海书籍、地图和图表，以及前人留下的数量众多的航海日志。这些航海日志就如现在的大数据一样，内容包罗万象，不仅有关于航海的相关记录，甚至还有船员为打发漫长的旅途而作的打油诗和乱七八糟的涂鸦。但是莫里发现了它们的价值，通过翻阅这些航海日志，他发现把航海日志里面对特定日期、特定地点的海风、海浪和天气情况的记录进行对比和整理，将有可能发现一张全新的、安全的适航路线图，也就是说这些日志里面有可能隐藏着比现有航海路线更加安全可行的航海图。按照他的思路，莫里和同事开始进行数据分析和处理，将大量航海日志里能够分辨的相对完整或者破损较轻的记录信息绘制成表格。莫里首先将大西洋按照经纬度进行了区域划分，按照月份从航海日志里找出对应区域的温度、风速和风向等对航行有价值的参考数据。经过大量而烦琐的整理工作，最终莫里根据这些看似毫无关联的、大量的、抽象的航海日志，整理出对航行安全有很大帮助的各类图表。随后为了获取更多有用的数据，并且进一步提高精确度、辨识度、适用度，莫里创建了一套标准的表格条目来分类和记录航海数据，并要求美国海军在所有的军舰上使用，在航行时按照他的标准来填写这些表格，航行结束返航后再将表格提交。通过对大量航海日志数据的分析，以及与后期所收集的数据进行相互验证，莫里提供的航海路线不仅安全性大幅度提升，由于分析整合了风向和洋流，在大幅度缩短航行路程的情况下，又进一步节约了航行成本，莫里的图表因此受到了很多商船的青睐。为了收集更多的数据以改进和完善图表，莫里要求商船以他们的航海日志来交换航海图，并让船长定期、定点向不同海域投掷标有日期、位置、风向以及当时洋流情况的瓶子，然后再回收瓶子，从而取得更多的一手资料，这成为最早通过浮标来观测和监测海洋的行为。1855 年，莫里的权威著作《关于海洋的物理地理学》（*The Physical Geography of the Sea*）出版，是海洋物理学的奠基之作，当时他已经绘制了 120 万个数据点。莫里关于航海日志以及后期收集的海洋大数据的分析和应用，不仅帮助了航行，还为第一根跨大西洋电报电缆的铺设提供了必要支持。他的方法甚至应用在天文学领域，帮助天文学家画出了海王星的运行轨迹。

　　从莫里的时代至今，海洋大数据的收集和应用已经发生了从量到质的变化，不仅数据量呈指数级增长，计算和分析能力也不可同日而语。大数据及人工智能技术正在全球引发一场深刻的地球科学研究革命。随着海洋观测数据的指数级增长和海量数据计算分析能力的提升，海洋数据已进入大数据时代，成为服务海洋事务的重要资源和工具。海洋大数据具体可以分为各类海洋大数据资源、海洋大数据收集和分析技术，以及海洋大数据应用等。其中，海洋大数据资源是指通过现代化信息手段收集的，能够为海洋问题提供决策和参考服务的所有数据，不仅包括来自海洋的水文、气象、地理、生物和非生物资源等各类自然属性数据，而且包括来自沿海甚至内陆涉及海洋问题的交通、资源、河流等自然属性数据和经济、人文等人类社会属性数据，因此，可以看出，海洋大数据通常数据量巨大、来源多样、类型多样；海洋大数据技术是指海洋大数据资源获取、存储管理、挖掘分析、可视化展现等技术，其中有些是大数据收集、分析和处理的通用技术，有些则是海洋特有技术，比如深海探测器、各类浮标等耐盐、耐流、耐高低温的海洋探测监测装备。相较于陆上大数据的收集，因为海洋的广阔无垠和多端的变化，以及水面与地基的不同，海洋大数据的收集难度相对较大。同样，在采取可视化、逻辑化分析整理时，又因为来源和类型的多样，而变得更加困难。海洋大数据应用是指利用海洋大数据资源和海洋大数据技术来支撑、服务和解决各类海洋问题的活动。

20 世纪 80 年代以来，国际上持续推进全球业务化海洋观测，并组织实施了一系列重大国际合作计划，欧美等国和中国均相继发射了一系列海洋观测卫星。中国针对近海及关注大洋区域，实施了海洋普查、海洋专项调查、业务化海洋观监测、海洋科学考察等活动，已经积累了大量的海洋环境实测、基础地理和海洋资源等数据，以及时间跨度超过 60 年的全球海洋再分析数据等。《联合国海洋科学促进可持续发展十年（2021—2030 年）》（也称"海洋十年"）中指出，数据和信息是实现"海洋十年"成果的关键推动因素。美国国家海洋和大气管理局也制定了大数据和人工智能长期战略，将充分利用机器学习来改善或替代现有的核心技术，以改善预报和数据服务。

目前，中国对大数据研究和应用的重点主要集中在云计算、数据挖掘、分布式处理等信息技术领域。先后推出和实施了数字海洋和智慧海洋工程，智慧海洋是云计算、人工智能、物联网等信息技术在海洋领域深度应用的产物，是比数字海洋更加深入和全面的海洋信息化战略。为了保障智慧海洋战略的实施，从国家到地方政府都出台了许多扶持政策，加快推进智慧海洋基础设施建设，以"海洋＋互联网"技术构建海洋物联网体系，建设海洋立体观测监测网络。其中，利用信息技术对海洋生态环境进行全方位和全时段监测是智慧海洋工程建设的重要内容，早在 2006 年，海洋监测部门就在中国沿海地区完成了整个海域和 600 余个陆地排污口、19 个红潮监测区、18 个生态监测区、22 个海水浴场以及其他 20 多个监测任务，取得了大量监测数据，为中国海洋生态环境保护提供了坚强的数据支撑。为了摸清家底，取得海洋基础数据，2004 年 9 月国务院批准立项，由国家海洋局组织实施了"我国近海海洋综合调查与评价"专项（也称"908 专项"），并于 2011 年 4 月进入验收的最后阶段并启动了项目应用程序。"908 专项"涉及海岸带、海洋资源、海洋经济和海岛调查等方面内容，获得中国海岸带岸线长度、海洋资源分布、区域海洋产业和经济发展状况、海洋岛屿数量和位置等数据，为下一步中国开发和利用海洋资源奠定了数据基础。在海洋数据可视化与海洋模拟方面，青岛海洋科学与技术试点国家实验室建立了海洋超算平台，围绕海洋科技研究和应用需求开展超算基础理论和应用领域研究与开发，并且汇集了国家超算济南中心、国家超算无锡中心、海洋试点国家实验室超算中心三大中心资源，形成了总计算能力达 133.2PFlops（每秒超过十三亿亿次浮点运算）的跨地域超算系统，协同计算能力居全球海洋科研领域首位，全力发展超级计算和人工智能技术，为海洋研究提供全面覆盖、资源协同的超算服务。为了推动海洋大数据领域标准建设，2022 年 2 月自然资源部发布了由国家海洋信息中心牵头编制的《海洋大数据标准体系》，该标准于 2022 年 5 月 1 日起实施。作为首项海洋领域的大数据标准，《海洋大数据标准体系》规定了海洋大数据体系结构和标准明细表，制定了海洋领域的大数据标准的规划和计划，为海洋领域大数据标准的组成以及制修订框定了范围，为中国海洋大数据标准体系建设发展奠定了基石。海洋大数据标准体系主要包含基础通用标准、技术标准、平台和工具标准、管理标准、安全标准、应用标准六大类①。基础通用标准参考相关大数据规范，结合海洋大数据通用、共性指标，综合确定了参考模型、术语、分类、编码等通用型标准。技术标准主要是针对数据从创建到处理的数据生命周期，研究相关大数据关键技术，结合海洋数据业务流程，从数据采集、数据处理、质量控制等关键节点确定需要制订的海洋大数据技术标准计划。平台和工具标准结合海洋数据业务建设过程涉及的平台和工具，从数据计算平台、管理平台、服务平台三个方面提出标准制修订计划。管理标准作为技术标准和平台工具的支撑体系，贯穿数据生命周期的各个阶段，主要从存储管理和运维管理两个方面提出标准制修订计划。安全标准主要用于数据安全和隐私保护，针对数据/信息安全的方法指导、监测评估和要求等安全技术内容，确定从数据安全、信息技术安全两个方面提出标准制修订计划。应用标准从共享服务和专题应用两个方面提出标准制修订计划，其中共享服务标准通过制定共享服务接口、共享交换记录格式等标准保障海洋数据的交换共享；专题应用标准从海洋经济、海洋生态、海洋政务管理等方面提出大数据的应用方向。整个标准共规定了 169 项国家/行业标准，已颁布或立项 97 项，待制定 72 项，其中海洋大数据应用标准待制修订的数量较大，说明大数据在专题应用和服务共享上存在较大的差距，下一步可以加大该类标准的申报立项，促进大数据在海洋领域

---

① 张小琼、咸立文、吕博：《新形势下我国海洋数据安全的思考》，《信息安全与通信保密》2022 年第 7 期。

的应用落地[①]。

第二节　海洋大数据的特征

海洋大数据主要通过地上、水面、水中、海底、卫星、遥感、无人机等多种地点和方式，进行全天候、全时空监控和监测获取数据，还包括沿海地区经济社会等人文数据、海岸带开发使用数据、海洋产业数据等社会经济数据，是包含不同时间和地区、不同类别和尺度的数据集。

海洋大数据具有大数据的"5V"特征，即大量性、多样性、价值性、高速性和真实性。其中，数据的大量性体现在海洋数据量巨大上，随着探测设备和信息技术的不断发展，海洋信息获取的速度和精度也在不断提高，获取的海洋数据量越来越大，海洋数据呈现出海量特征。仅就海洋物理水文环境监测来说，中国 HY – 1 系列卫星、FY – 1 系列卫星、FY – 2 系列卫星，美国 NOAA 系列卫星、SeaWiFS 卫星、EOS/MODIS 卫星以及日本 MTSAT 系列卫星等的遥感数据中包含大量的海洋数据信息。ARGO 全球海洋观测网由美国、澳大利亚等 30 多个沿海国家布放的约 8500 个 ARGO 浮标组成。中国也在 ARGO 浮标监测计划中，因此我们能够获取庞大的海洋数据[②]。

数据的多样性体现在两个方面，一方面是海洋大数据种类多样、来源广泛；另一方面是获取手段多元化，使得海洋大数据在类型和结构上都呈现多样性的特征。广袤无垠的海洋蕴含着无数的数据，人类对海洋的探寻和开发过程中，也积累了大量的海洋数据。

[①]　宋晓、梁志翔：《海洋大数据迈向标准化》，《中国自然资源报》2022 年 3 月 15 日。

[②]　曹丽娜：《海洋大数据管理与应用技术研究》，硕士学位论文，浙江海洋大学，2019 年。

同时，随着科技的进步，人类"测量"海洋的手段多种多样，海洋大数据的来源十分广泛，包括海洋调查、监测和观测、遥感、海洋产业调查以及国际数据交换等。这些获取数据的手段和方式各不相同，技术方法和统计标准也千差万别，数据处理的技术和模型也不尽相同。即使同一类数据，采用的数据收集仪器种类和参数、测试和分析的方法、校准和校正的方法以及各类相关的技术标准的不同，也会导致所获取的数据从内容到格式的不同。除此之外，不同的监测系统获取的数据也不相同，如国家海洋灾害监测和环境监测系统，以及经济运行监测等，会对同一类型数据进行采集监测，但收集的格式可能会有不同。海洋大数据中的多样性特征既造成了海洋大数据应用上的困扰，对统一的海洋大数据标准的研究也引起人们的关注，同时不同类型的数据又相互补充、相互依赖、相互影响，共同决定了海洋大数据的质量。

数据价值性是指海洋大数据本身代表的物理机理能够开展海浪、潮汐潮流、风暴潮等海洋灾害的预测、预警和预报工作，在防灾减灾和海洋开发安全方面蕴藏着巨大的价值。

数据高速性是指随着立体海洋观测系统的不断完善，海洋大数据的采集技术和信息数据传输技术得到了极大的提高，各类实时、准实时监测数据能够快速收集和分析处理，大大缩短了数据采集周期，海洋大数据的采集量随之大幅上升，采集频率和更新速度也不断加快，从莫里时代一个航行周期数月才能得到一卷航海日志，到现在的每天定时传送，甚至达到小时级、秒级等准实时和实时监测。

数据真实性则表示海洋大数据主要来自人们对海洋自然属性，如海水、生态环境、洋流等进行观测和监测，同时也来自人们开发利用海洋资源的活动，即海洋产业活动所产生的具有真实意义的数据。随着海洋经济大数据在产业发展中的运用，海洋大数据在海洋资源利用、海岸带开发、海洋产业布局等方面也逐渐展现出巨大的应用价值。

除了"5V"特征，宋晓和梁志翔提出海洋大数据还具有强关联性（High Correlation）、高耦合性（High Coupling）、高变率性（High Diversification）、多层次性（Hierarchy）和高规律性（High Regularity）的"5H"特征①。

第三节　海洋大数据的获取

随着时间的推移和技术的进步，相较于莫里时代船长们的日志和有限的浮标，人类已经有越来越多的现代信息手段和技术来观测海洋，构建了从天空到陆地，从海面到海底，多元化、立体化、实时化的海洋立体观测监测网络，源源不断地获取大量的海洋图像和测量数据等海洋大数据。

一　遥感监测系统

人类自古就明白从高处观测的优势。在人类观测和监测海洋的过程中，从最早的登上桅杆远望，到乘坐热气球升上天空观测，到今天在天空布置卫星进行遥感，人类的观测手段日益完善。海洋遥感是探测和观测海洋的十分有效和快捷的方法，海洋遥感技术主要包括以光电为信息载体和以声波为信息载体两大类。海洋声学遥感主要用于观测海洋运动现象、探测海底地形和底层剖面等，作为舰载传感器，还可以为潜水器提供导航、规避、海底轮廓扫描等功能。光电遥感相比声学遥感具有可全天时工作、机动灵活和空间分辨率高等特点和优势，被广泛应用于遥感成像、海洋监测、国防等领域。海洋遥感在第二次世界大战期间开始大规模使用，早期是利

---

① 宋晓、梁志翔：《海洋大数据迈向标准化》，《中国自然资源报》2022年3月15日。

用航空遥感测绘河口海岸和近海水深。美国在 1950 年开始的海湾河流大规模调查中，首次使用了调查飞机，配合由数艘海洋调查船组成的调查船队开展协同合作，这次调查成为海洋调查史上首次利用航空设备和遥感技术开展的调查研究。随后，航空遥感技术开始更多地应用于海洋环境监测、近海海洋调查、海岸带制图与资源勘测方面。通过海洋遥感的方式，利用传感器对海洋进行远距离非接触的监测和观测，不仅节省了大量人力物力，获取的海洋景观和海洋环境、水文等要素的图像、数据资料也更加全面和直观。海水自身不仅能够不断向周围环境辐射微弱的电磁波能量，海平面也会反射和散射来自太阳或者其他辐射源的电磁波能量，人类利用这一特点，采用雷达等设备对海面主动发射并接收海面反射的辐射源，达到观测海洋的目的。安装在飞机、热气球、无人机和卫星等高空移动平台上的雷达和传感器等设备，通过对海面发射电磁辐射能量，再收集和记录反射的情况，通过加工和处理，就能够得到海洋相关图片和影像资料等信息数据。海洋遥感一般可按照工作平台不同分为航天遥感、航空遥感和地面遥感三种方式，即装载在航天设备、飞机和地面的海洋遥感。也可以按照所装载遥感器的接收方式的不同而分为主动式和被动式，即由装载的遥感器主动向被调查和观测海面区域发射电磁波然后从接收的反射回波中分析提取图片、红外影像等信息的主动式遥感，这种类型的遥感设备包括侧视雷达、雷达高度计、微波散射计、激光雷达和激光荧光计等；以及仅设置传感器接收海面反射的来自太阳和天空的热辐射能量或散射光能量，然后从中提取海洋影像等信息的被动式遥感，这种类型的遥感设备包括各种类型的照相机、可见光和红外扫描仪、微波辐射计等。

随着卫星技术的发展，遥感卫星成为海洋遥感和布置空天监测系统的主要设备。遥感卫星的发展历程大致可分为起步期（1939—1969 年）、试验期（1970—1977 年）、研究期（1978—1991 年）、应用期（1992年至今）①。20世纪90年代，遥感卫星开始大量发射；截至2012年年底，在轨卫星数量为115颗，涉及超过30个空间机构②。预测到2030年还会再有156颗卫星发射，届时总数将达到271颗。1960年，美国成功发射第一颗气象卫星"泰洛斯-1"号卫星，在获取气象信息资料的同时，还获取了无云海区的海面温度场等信息，成为将卫星应用于海洋学研究从航天高度探测海洋的开端。1978年美国又发射了专门用于海洋遥感的卫星"海洋卫星-1"号。苏联也于1979年和1980年先后发射了专门用于海洋探测的卫星"宇宙-1076"号和"宇宙-1151"号。海洋探测卫星为海洋遥感提供了支撑平台，成为海洋立体观测监测网络的中坚力量。中国1977年起开展海洋遥感技术的研究，从遥感基础理论工作开始，先后在海岸带调查、滩涂资源调查、海洋环境监测、海冰观测、海洋气象预报、渔场跟踪分析和大尺度海洋现象研究中进行了遥感理论和遥感技术的试验，目前海洋航空遥感技术已广泛应用于台风跟踪、海冰遥感、海洋生态环境监测、海洋污染源和污染物定位跟踪等领域。

　　计算机信息技术的发展也带来了海洋遥感技术的变革，海洋遥感系统逐步具备同步、大范围、实时获取资料的能力，观测频率高，更新频率一般为一到两天，有的甚至可以做到实时传输。航空遥感也可以从空天高度将海洋大尺度现象记录下来，并利用计算机技术对数据进行分析处理从而实现动态观测和海况预报。海洋遥感的测量精度和空间分辨能力越来越高，相应的获取数据量也越来越大，在定性分析的基础上能够做到定量分析。海洋遥感还具备了全天时（不分昼夜）、全天候（不受气象影响）持续监测的工作能力和穿透云雾的能力，对海水也有一定的穿透能力进而能够实现透视

　　① 戴洪磊、牟乃夏等：《我国海洋浮标发展现状及趋势》，《气象水文海洋仪器》2014年第2期。
　　② 林明森、张有广、袁欣哲：《海洋遥感卫星发展历程与趋势展望》，《海洋学报》2015年第1期。

海水，以便取得海洋较深处的资料信息。目前遥感技术已广泛应用于海洋学各个学科之中，如随着海洋遥感技术的深入应用，关于海洋内波、中尺度涡、大洋潮汐、极地海冰、海洋—大气相互作用等海洋物理方面的研究都取得了新的进展。海洋遥感观测和监测得到的数据项目主要包括海平面数据、海洋大气温度、海水表面温度、海洋中沉积物数据、海洋风场数据、海洋波浪数据、海冰数据、海洋污染源和污染物等海洋气象和水文数据，还包括海洋岸线变化等沿海地区的情况。除了卫星遥感，将不同的传感器等遥感设备装载在飞机、飞艇、气球和无人机等飞行平台上，同样能够获取海洋的遥感数据。以飞行器为平台的天空遥感一般在专项调查和区域海洋观测中应用较多，例如沿海地形和岛屿测绘、排污口观测、海上溢油观测、海冰和赤潮/绿潮等灾害观测和监测等。在海洋遥感领域，无人机和无人艇也发挥了重要作用，主要用于人类不方便涉足、大型设备不方便使用以及海洋情报收集等状况，通过遥控无人设备达到观测和监测的目的。但是，海洋遥感在传感器和传输方面也存在不足。尤其是传感器国产化过程中，传感器的测量精度和空间分辨率达不到使用要求，回传影像资料清晰度不够，数据分析解译难度高。海洋遥感传感器主要利用电磁波辐射展开工作，而电磁波穿透海水的能力较弱，海洋遥感很难直接获取一定海水深度以下的信息资料。而由于海洋物联网起步较晚，遥感设备互联互通方面仍存在不足，海洋遥感数据传输传送很难做到实时同步，再加上国家、地区等因素限制，海洋虽为一个整体，然而一方面很难或者无法得到一个关于海洋尤其是大洋的整体数据，另一方面存在重复建设、重叠监测等不协调情形。

二 陆海监测网络系统

在陆地和海面，陆基观测站、浮标和观察船等监测平台和观测设备的互联构成了陆海监测网。陆海监测使用的主要监测设备包括海洋调查船、海洋浮标和雷达等。海洋调查船是指专门用于海洋科学研究和调查的船只，一般搭载特定的海洋仪器设备对海洋进行观测、采集相关样品、收集海洋数据开展海洋研究，同时还将海洋科学工作者和海洋仪器设备运送到特定的海域，并对该海域实行实地观察、测量、取样、分析数据，如极地考察船等。由于海洋调查船长年在海上活动，因此船体一般构造坚固，并具有较好的适航性、稳定性，能在大风大浪中安全航行。海洋调查船还具有良好的操纵性，能在各种速度下进行生物、物理、化学、地质等多学科海洋调查活动①。海洋调查船种类很多，分类方法也有很多种。如按照承担的海洋调查任务和用途可分为综合海洋调查船、专业海洋调查船和特种海洋调查船。综合海洋调查船一般搭载海洋调查通用设备，装备设施较全，可进行一般性的观测和样品采集工作，能够服务海洋水文、气象、物理、化学、生物和地质等项目研究。用途较广，具有较好的稳定性、可操作性、续航和自持能力较强，同时，具备防摇晃、防震动、防噪声干扰以及供电、导航和低速巡航等性能。专业海洋调查船相对于综合海洋调查船而言船体较小，承担任务单一，装备设施较少且单一，一般根据所承担的任务职能进行配备，比如海洋水文船、海洋气象调查船、海洋地质调查船、海洋地球物理调查船、海洋水声调查船、海洋渔业调查船和打捞救生船等。特种海洋调查船则更为专业，一般用于海洋特种调查以及特殊保障，如航天用远洋测量船，用于服务航天事业，搭载设备能够支持发射和接收太空信号（专门接收卫星或者宇宙飞船，甚至空间站发来的信号，并且能够回传信息发布指令等）；极地海洋科考船，具有特别坚固的船体，具有破冰行驶和防寒性能，执行极地破冰、考察和救援任务等；深海钻探船，则是配备专业钻头用于深海资源勘探

---

① 侯永水：《浅谈对海洋调查船主机的管理》，《海洋开发与管理》2010 年第 10 期。

和科学研究等；潜水器，如中国的蛟龙号，专门用于深海载人潜水，勘探深海完成深海探测、取样等科研任务。按照海洋调查的海域的不同又可分为水面和水下两类。按照所用船舶尺寸和排水量的不同，海洋调查船又可以分为大型、中型、小型三种。按照所用船舶的船型和船体结构的不同，又分为单体式、双体式、半潜式等。

海洋浮标则是用于承载各类探测海洋和大气传感器的海上平台，这类平台一般是锚定海面上的自动观测站点，主体为观测浮标，平台上根据目的不同装载不同的观测仪器和设备，通过锚固定在指定海域随波浪起伏，进行长期、定点、连续的海洋数据监测和观测。海洋浮标能按规定要求长期、连续地为海洋科学研究、海上石油（气）开发、港口建设和国防建设收集所需海洋水文水质气象资料，特别是能收集调查船难以收集的恶劣天气及海况的资料，是海洋立体观测监测系统的重要组成部分[①]。浮标在早期是为了标记航线航道范围而漂浮在海面上的一种航标，指示浅滩或危及航行的障碍物，如同航道两旁的航标。随着技术的进步和仪器仪表设备的发展，浮标逐渐发展成为大、中、小型具备各种功能和用途、无人值守、高度自动化、先进的海洋气象水文观测遥测设备。海洋浮标可以测量大气中的风速、气压、温度、湿度，还有能见度，以及水文参数里面的波浪、海流、温度、盐度，还可以测量水质参数，包括 pH 值、溶解氧、叶绿素甚至包括营养盐等。目前的海洋监测浮标一般由浮体、水上桅杆、配重、锚系统和功能模块组成，其中，功能模块主要由供电、通信控制和特定的传感器组成。水上桅杆部分主要用来搭载太阳能板提供续航能源；水下搭载部分一般为监测海洋水文类信息的传感器，如水文水质传感器，分别测量水文（波

---

① 吴朝晖、陈华钧、杨建华：《空间大数据信息基础设施》，浙江大学出版社 2013 年版，第 10 页。

浪、海流、温度、盐度和深度等参数）和水质（叶绿素、藻类以及各类溶解在海水里的相关物质浓度）等信息。根据不同的调查任务，有的海洋浮标需要建在大洋中离陆地很远的地方，此时浮标收集的数据一般通过卫星中转传送，先将信号发往卫星，再由卫星将信号传送到相应的接收站。海洋浮标大多数是由蓄电池供电，但由于海洋浮标布置点一般远离陆地，换电池不方便，有不少海洋浮标装备太阳能蓄电设备，有的还利用波能蓄电，大大减少了换电池的次数，使海洋浮标的使用更简便、经济。海洋浮标根据在海水放置的位置不同，又可以分为锚定浮标、潜标、漂流浮标三类。海洋锚定浮标最早出现于第二次世界大战期间，用于监测敌方舰船和潜艇，到 20 世纪 70 年代后期，随着计算机技术和卫星通信技术成熟并应用在海洋浮标上，使得浮标技术发展进入了飞跃期。中国海洋浮标开发研制始于 20 世纪 60 年代中期，90 年代开始正式投入使用，现在中国在海洋浮标数量和质量上都已经进入了海洋浮标监测的大国俱乐部①。

雷达目前已广泛应用于气象预报、资源探测、大气物理等人类日常生活中，在海洋监测中也广泛应用，成为陆海监测网络系统的重要组成部分。尤其是激光雷达，更是被誉为"海洋深处的眼睛"，作为一种有效的主动遥感系统，通过激光穿过传输介质产生的延时、频移，以及引起的吸收、弹性散射、拉曼散射、荧光等信号进行遥测，能够获得一定深度探测剖面参数或目标的有关信息，是卫星海洋遥感的重要发展方向。目前海洋激光雷达已被广泛应用于海洋环境和水下目标探测等领域，如浅海水深、海洋叶绿素浓度和海洋污染探测等。叶绿素浓度测量是热点项目之一，这是因为浮游植物是其他海洋生物的直接或间接的食物来源，在所有的海洋生物中

---

① 于志刚主编，熊建设、张亭禄、史宏达编写：《海洋技术》，海洋出版社 2009 年版，第 53 页。

占有特殊而重要的地位。传统的测定方法有局限性：一是依靠人工逐点采样，范围小；二是分析速度很慢，效率不高。海洋激光雷达的出现恰好弥补了这种缺憾，可以对大面积，甚至全球范围水域中的叶绿素浓度进行实时、动态监测。

三　海底探测网络系统

　　水下和海底探测网络系统是海洋立体观测监测网络的重要组成部分。人类在海上航行伊始，对于海底的探索就从未停止。早期科研船花费大量的时间用于测量海洋深度，直到 20 世纪 20 年代，回声探测技术（也称声呐技术）的进步才使得舰船能够便捷而快速地记录下海洋的深度。随着掌握的各种数据不断增多，科学家开始绘制海底图像。然而直到 20 世纪 70 年代，美国海洋地质学家布鲁斯·希曾和玛丽·撒普才绘制并发行了第一张海底地图。几百年来，人类一直使用简单的潜水钟对浅海地区进行探索，探测深海地区一直是可望而不可即的事情。直到深海潜水器被成功研制出来。建造于 1962 年的"阿尔文"号是世界上第一艘新型载人潜艇，最深潜到水下 4500 米，它在水下能够灵活作业，并可以轻而易举地在深海海底进行样本采集和图像拍摄。中国自行设计、自主集成的"蛟龙"号载人潜水器，最大下潜深度达到了 7020 米。目前，许多深海探测都是用遥控运载器下潜海底进行探索，再将海底的各类信息数据传回水面或传给载人潜艇的。

　　为了更加深入和方便地探测海底世界，海洋潜水系统被研制出来，用于构建海底观测网。海洋潜水系统简单来说就是一种能够在海面以下使用的探测系统，通过锚定或释放在海底以观测监测海面下环境水文要素，以及深海海流和海底底部水文信息。海洋潜水系统将单台或多台监测设备直接固定在海底海床之上，有着其他观测手段没有的优势，一是受气象条件和水面航线等外部因素干扰较少；二是能够从海水内部测量获取数据，更加直接和准确；三是具有一定的隐蔽性，在军事调查等特殊海洋调查中能够充分发挥作用；四是能够观测海洋深处，得到直观信息。海洋潜水系统由岸站、主节点、次节点、SIIM（海底仪器接口模块）、科学仪器设备和光电缆等组成。利用海底观测网对特定水域进行长时间、不间断、多参数、大范围监测，为军事应用、海洋科学研究、海上石油天然气开发，以及其他海洋应用提供科学数据支撑。目前比较成熟的海底观测站是加拿大海王星海底观测站。

研究界称海底科学观测网是人类建立的除了陆地和太空之外的第三种地球科学观测平台网络，海底科学观测网除了能够直接观测海底信息之外，还能够通过深入观测海洋内部的方式了解和认识海洋和地球。中国也将海底科学观测网建设作为国家重大科技基础设施建设项目，在2017年宣布投资20亿元用于国家海底科学观测网建设，计划在中国东海和南海分别建立海底观测网络系统，建成之后将实现中国东海和南海从天空到海面，从海面到海底的全方位、全天候、全时段的高分辨率多界面立体综合观测，为深入研究东海和南海海洋生态环境提供持续不间断的连续观测数据。在上海临港建立海底科学观测网数据管理中心，管理和监控整个海底科学观测网的运行以及数据存储、管理和分析。海底科学观测网的建立将推动中国地球系统科学和全球气候变化等科学前沿研究，同时能够服务于海洋生态环境监测和保护、海洋灾害预警预报、国防安全和海洋权益维护等。除此之外，海底科学观测网还能够服务于社会和经济发展，为生产部门提供观测和探测服务，包括海底地质探测和地形测绘、海底矿产勘探和开采、海底电缆和燃气、石油管道架设和维护等①。

----

① 《中国将建国家海底科学观测网，总投资超20亿元》，https：//www.thepaper.cn/newsDetail_ forward_ 1695903，2017年5月28日。

四　全球海洋观测网

全球海洋观测网络（Array for Real-Time Geostrophic Oceanography，一般简称 ARGO 计划）最早是由美国等国家的大气、海洋科学家于 1998 年倡导发起的一个旨在监测全球海洋，为海洋研究提供数据服务的观测试验网络，随后得到了法国、日本、德国、澳大利亚、韩国、加拿大等国家的响应和支持。通过 ARGO 计划，能够实现对全球大洋表面的海水温盐度剖面资料更加精准、快速和全覆盖的收集，用以支持提高气候变化预报的精度，以满足全球海洋科学研究需求。中国于 2001 年 10 月正式加入 ARGO 计划。截至 2010 年 1 月，中国共投放 ARGO 浮标 62 个，在位运行的浮标为 32 个。在加入 ARGO 计划的短短十几年间，中国 ARGO 实时资料中心已累计收集了近 200 万条 0—2000 米水深范围内的海水温度和盐度剖面资料，已经超过了中国在之前收集和获取的近海和大洋全部海洋环境资料总和。同时，按照国际 ARGO 资料管理标准，中国 ARGO 实时资料中心采集和接收的浮标观测资料能够在 24 小时内通过世界气象组织（WMO）的全球电信系统（GCS）设在中国气象局的北京接口进行上传，与 WMO 成员方之间实现数据交换共享[①]。经过十几年的发展，中国目前已经成为世界上能够向全球 ARGO 资料中心常态化提供浮标观测资料的国家之一，这些有着高标准控制的 ARGO 海洋浮标观测数据资料，从浮标观测采集、经卫星通信传输至设在陆地上的实验室接收处理、上传，仅花费数小时或十几个小时，国内用户就可以通过国内外的 ARGO 网站方便地获取 24 小时之内的数据。中国 ARGO 与全球各 ARGO 成员方之间的数据

[①] 《中国基础研究十年回眸——国际篇》，http://www.most.gov.cn/kjbgz/201105/t20110526_87100.html，2011 年 5 月 27 日。

资料交换，使得中国海洋科学家能够与各国科学家同步获得广阔海洋的丰富海洋生态环境、水文气象等资料，有利于开展地球海洋相关前沿科学研究。在各方的共同努力下，由中国 ARGO 计划批量布放的北斗剖面浮标，实现了中国海洋观测仪器用于国际大型海上合作调查计划"零"的突破，并打破了全球 ARGO 计划中剖面浮标由欧美国家一统天下的局面；以此建立的"北斗剖面浮标数据服务中心（中国杭州）"，也成为继法国海洋开发研究院（IFREMER）ARGO 数据中心和美国国家海洋和大气管理局大西洋海洋学与气象实验室（NOAA/AOML）ARGO 数据中心之后第三个有能力为全球 ARGO 计划提供剖面浮标数据接收和处理的国家平台。截至 2024 年 10 月，以此建成的"北斗剖面附表数据服务中心（中国杭州）"，也成为继法国海洋开发研究院（IFREMER）ARGO 数据中心和美国国家海洋和大气管理局迈阿密联邦实验室（NOAA/AOML）ARGO 数据中心之后第三个有能力为全球 ARGO 计划提供剖面浮标数据接收和处理的国家平台。截至 2024 年 10 月，布放在全球海洋中仍处于工作状态的 ARGO 浮标已达 3942 个[①]，并将持续增加。在维持现有 ARGO 观测内容的基础上，新的 ARGO 浮标观测范围将扩大到海面 2000 米以下甚至海底，同时携带安装生物、地球、化学等新型传感器。

在海洋大数据的获取方面，虽然已实现了基于空基—天基—地基—海基的多元立体实时化发展，海底观测网也逐步推进，海洋立体监测网络初步建立，但是受限于设备和技术，亟待突破深海、极端环境和高分辨率的大数据获取技术及平台的发展脉络，同时如何基于空间数据的时空耦合与地理关联特性，面向空间研究对象合理布设、高效利用观测手段成为数据获取阶段的挑战。同时，海洋经济大数据的获取、分析和应用，也亟待开展系统性研究。

---

① ARGO 官方网站，https：//argo.ucsd.edu/about/status/，2024 年 10 月 9 日。

第四节　海洋大数据的应用

　　海洋大数据为人类感知和认识、预测和预报、开发和保护海洋事务提供了前所未有的丰富信息和决策支持，为海洋防灾减灾、海洋气候预报、海洋航运交通、海洋水文地理气象、海域与海岸带使用监测等领域提供了可靠的科学依据。海洋大数据在数字海洋和智慧海洋建设方面，也发挥着重要作用。海洋大数据的应用也取得了很多重要的成就。如 Durack 和 Wijffels 等人通过气候模型对 1950 年到 2000 年的海洋数据进行分析，发现全球大洋水循环的强化将导致全球气温上升 2℃—3℃[①]；通过对遥感及声学数据研究，可获知海洋中的生物群落和物种分布，为保证海洋生态平衡提供了丰富的科学参考；通过对海洋浮游生物数据的研究发现，海水变暖及气候变化将导致美国及欧洲霍乱和其他传染病的增加等[②]。除了海洋物理、环境水文、气候气象等科学研究领域，目前海洋大数据应用较多地集中在防灾减灾、航运交通和海洋渔业三个方面。

一　海洋大数据在防灾减灾领域的应用

　　海洋灾害一直伴随着人类进军海洋的历史，并严重影响着人类开发和利用海洋的进程。近年来，海洋受到全球气候变化的影响，海平面上升、厄尔尼诺现象、风暴潮、赤潮等海洋异常现象频发，为沿海地区、海上作业、海洋航运、海洋渔业等带来了严重的海洋灾害。海洋灾害的类型很多，主要包括台风风暴潮、温带风暴潮、

---

　　① Durack, P. J., Wijffels, S. E., Matear, R. J., "Ocean Salinities Reveal Strong Global Water Cycle Intensification During 1950 to 2000", *Science*, Vol. 336, 2012, pp. 455 –458.
　　② 刘帅、陈戈、刘颖洁等：《海洋大数据应用技术分析与趋势研究》，《中国海洋大学学报》（自然科学版）2020 年第 1 期。

海浪和海啸灾害、海冰灾害、赤潮和绿潮、海平面上升带来的各种自然灾害等，以及人类活动带来的海水溢油事件、危险化学品泄漏、沉船事故等海洋环境突发污染事件等。随着人类对海洋开发利用程度的提高，以及沿海社会经济发展新形势下，海洋灾害发生频率和损害程度不断升高。中国由于海岸线长、领海面积广且类型多样，是世界上遭受海洋灾害影响最严重的国家之一，几乎所有的海洋灾害类型都在中国爆发过。随着海洋的开发程度不断提高和海洋经济的快速发展，中华人民共和国成立初期，为了发展经济对近海海洋资源大多采取了粗放型、掠夺式开发，不仅造成近海大量渔业生物资源的枯竭，带来的沿海地区海洋灾害风险也日益突出，海洋防灾减灾压力巨大。《2021年中国海洋灾害公报》指出，2021年中国的海洋灾害以风暴潮、海浪和海冰灾害为主，对沿海地区社会和经济损害严重，共造成直接经济损失达30亿元，死亡失踪28人，较2020年直接经济损失和死亡失踪人数均有所增加。2021年，中国沿海地区共发生风暴潮过程16次，其中9次造成灾害，直接经济损失达24亿元，死亡失踪2人，是造成直接经济损失最严重的海洋灾害；中国近海地区共发生有效波高4.0米（含）以上的灾害性海浪过程35次，形成海洋灾害的过程9次，因灾直接经济损失达1亿元，死亡失踪26人；海冰灾害主要影响区域为中国渤海和黄海海域，对江苏省紫菜和底播养殖影响最为严重，直接经济损失近5亿元；中国海域共发生赤潮58次，累计面积23277平方千米，为近十年来累计发生面积最高的一年，是平均值的3.77倍①。因海洋受全球气候影响较大，同时随着对海洋的高度开发利用，海洋自洁自净等自我调节能力大量丧失，近年来海洋灾害的形成和发生机理和规律，以及发生的时空特征都呈现出新的特点，由于沿海地区和海上作业强度的增加，海洋灾害造成的损害程度逐渐升级，使得

---

① 自然资源部海洋预警监测司：《2021年中国海洋灾害公报》，2022年4月。

人类海洋开发活动都面临较大的海洋灾害风险，海洋防灾减灾也面临巨大的压力和挑战。

海洋大数据因其强关联性和预测性，在海洋防灾减灾体系中发挥着巨大作用，一方面人类在向海洋进军的漫长岁月中积累了大量有关海洋灾害的数据和经验，为防灾减灾提供了宝贵的数据；另一方面现代化的海洋观测监测设备，基本形成了全覆盖立体监测网，对海洋灾害的发生、变化和原理都有了相对以往更加丰富的研究资料和数据，进而在一定程度上能够对海洋灾害的发生进行预报预警。通过分析运用大数据的关联性和预测性，结合历史数据和实时观测数据，实现对海洋灾害的有效预警和预报，是当前海洋大数据在海洋防灾减灾领域的主要应用。海洋大数据在时间和空间上的连续收集为海洋防灾减灾提供了大量研究数据，而基于海洋大数据的数据处理系统则是海洋防灾减灾的重要技术手段和工具，通过统计分析监测系统对海洋大数据进行处理提取，并根据使用要求提供分析工具集和软件系统，技术人员依靠前端操作系统，能够进行多角度、跨空间和跨时间的关联和综合分析，这在大数据应用之前很难做到或仅能依靠经验和抽样数据进行分析，准确度与大数据分析不可同日而语。同时，根据需要还可以按照不同的监测项目和业务建立不同的主题应用，开展相应主题分析，进而完成更加个性化和定制化的结果输出，还可以根据统计业务热点的变化进行各类应用的扩展。以海洋大数据为基础，通过相应大数据系统的分析、处理和挖掘，形成多层面、多场景、满足多种需求的应用产品，能够为海洋防灾减灾工作提供有力支持，是目前海洋大数据应用最广、效果最明显的领域。如中国科学院海洋研究所海洋科学数据中心针对北印度洋区域和福建沿海风暴潮，研发了风暴潮可视化模块。基于海浪天文潮耦合预报模式数据，以粒子可视化方式直观展示台风运移的路径、大小和强度，台风周围波浪场、风场分布，风暴潮引起的增水状况，并预测风暴潮未来 6 小时的发展情况，为相关区域防灾减灾提供预警信息。2018 年 12 月，上海海洋大学"数字海洋"团队紧跟大数据的关键前沿技术，通过对多形态、高维度、强时空关联等复杂海洋大数据的有效挖掘，研发了涵盖海洋灾害数据全生命周期、海洋环境态势监测、专项服务与公众服务一体化的智能服务平台，实现海洋灾害的快速准确预警预报和辅助决策。该服务平台采用新的信息获取技术——基于时空序列模式挖掘和机器学习的海洋灾害信息获取技术，实现了数值预报方案人机交互式编制与多套预报方案的优化遴选，将海洋预报作业周期由数小时提高到准实时级，为解决海洋灾害预见期前信息获取难的问题提供了新方法①。

通过海洋大数据以及人工智能技术分析和处理，还可以科学、准确地对各类海洋环境问题进行监测，经数据收集和分析后能够迅速发现海洋环境问题，在海洋环境治理中有利于提升效率，提早发现，进而能够加快海洋环境问题的解决进程。为了监测和解决海洋环境问题，已经有不少学者探索建立了基于大数据、机器学习（ML）和人工智能（AI）的识别模型和算法，如线性模型、人工神经网络、贝叶斯分类器等。由于溢油事故经常发生在海洋环境复杂的区域，往往难以及时进入污染区进行监测和清洁，需要持续观察数日甚至是数月才能研究其扩散情况以及评估其对环境安全的具体影响。这种情况下，基于卫星的合成孔径雷达对偏远地区的监测可以在没有人为干预的情况下进行，实现了远程识别溢油，在有效处理溢油方面领先一步，从而尽量降低溢油对人类和海洋生物的危害。目前，基于合成孔径雷达、遥感影像、云计算等技术，充分利用大数据，进行溢油监测检测分类算法的各类系统模型发挥着重要作用。如由中国交通运输部海事局自主研发的信息服务平台——船舶自动识别系统（AIS），针对每天接收的 1 亿条左右的实时报文，推

---

① 郜阳：《上海海洋大学"数字海洋"团队研发智能服务平台　驾驭大数据　准实时预警海洋灾害》，《新民晚报》2018 年 12 月 24 日。

出大数据解决方案，提供船舶定位、单船历史轨迹查询等应用服务，还支持海洋溢油监测、海难应急救援等业务工作。AIS 也为学者开展相关研究提供了数据支撑，如 Waga 和 Rabah 基于大数据的特征和组织存储，建立了预测海洋溢油和周围生态环境的数学模型，构建了基于云计算的框架结构。Iyengar 等开发了 CIM Shell（Cognitive Information Management Shell），能够处理海洋复杂事件，快速适应各种自然环境的演变状态。CIM Shell 能够帮助海洋钻井工程师预防和监测溢油事件，比如 BP 石油公司在墨西哥湾的溢油事件①。同时，得益于准实时观测和监测，以及不同时间数据的分析对比，这类系统也可以在一定程度上辅助监测造成海洋污染的非法倾倒和排污行为。

与其他数据资源相比较，海洋环境监测大数据多样性特点十分显著，具体表现在多源性和多样性两个方面，即通过浮标、科考船、遥感卫星等不同的海洋观测设备观测和监测收集的数据来源十分广泛，而不同设备和不同的观测方法和标准使得收集记录的海洋环境监测数据的准确性和数据格式差异较大，这些都使得海洋环境监测数据结构变得复杂多样，不仅收集生成的数据量巨大，存储和分析也变得越来越困难，这对数据处理中心或者系统提出了更高的要求。此外，不同格式（图像、坐标、读数、时间等）的数据归类和存储都相对独立，在进行分析和处理时，很难用逻辑关系将不同格式的数据进行集成，客观上造成了信息孤岛现象。因此，尽管海洋大数据目前在海洋减灾防灾以及环境监测方面取得了良好的应用效果，但是受海洋立体观测监测网络、大数据分析处理中心、大数据应用模式等建设的限制，仍有长足的发展空间。

---

① 黄冬梅、邹国良等编著：《海洋大数据》，上海科学技术出版社 2016 年版，第 24 页。

二 海洋大数据在航运交通领域的应用

自大航海时代人类向海洋进军以来，海洋运输由于低廉的成本和较高的效率，逐渐成为全球运输货物和人员的运输大通道。海洋交通运输一般指国际海洋货物运输，是一种不同沿海国家和地区港口之间通过船舶在海洋航道上往来运送货物的运输方式。海洋交通运输虽然存在速度较低、风险较大的缺点，但是货物运输量大、通过能力强、运输成本低以及对货物适应性强的优势，加上全球一体贯通的海洋水体地理条件，逐步成为当前国际贸易中的主要运输方式，加快了全球化的进程。集装箱的发明和兴起，节省了货物包装用料和运输费用，提高了货物适应能力，减少了货物运输损耗，保证了运输质量，缩短了运输时间，使得货物运输向集成化、模块化方向发展，并且更加适应船舶运输的方式，进一步促进了海洋交通运输的发展。在经济全球化的今天，国际贸易总运量中的 2/3 以上，中国进出口货运总量的约 90% 都经过海洋[1]。越来越多的船只开始进入远离大陆，进行远洋航行，海船船员的规模也在不断扩大。中国交通运输部数据显示，中国 2020 年新增注册国际航行海船船员 17175 人，截至 2020 年年底，共有注册国际航行海船船员 592998 人。因此，加大远洋航行船只、船员的安全保障十分重要，海洋大数据的出现，使得人类进入远洋航行的安全系数得以提升[2]。依托海洋环境大数据和海洋航运大数据，结合现代电子海图技术，辅助实时监测和数值模拟手段，实现电子海图的智能化，自主直观地为决策者提供可视化的数据展示和分析，可以为船舶航路规划、风险规避和应急救援等提供合理方案和建议。

---

[1] 郑海琦、胡波：《科技变革对全球海洋治理的影响》，《太平洋学报》2018 年第 4 期。

[2] 陈菲、王蓉：《基于大数据的海洋安全治理论析》，《太平洋学报》2021 年第 7 期。

　　AIS 是中国首个免费对外开放的实时查询船舶动态的官方平台，设计的主要目的是对船舶进行定位，避免碰撞，配合国际国内海事部门管理。这也是海事系统充分利用大数据，发挥专业优势、转变政府职能、强化服务便民惠民的一项新成果（见图 2 - 1）。船舶碰撞事故因其多发性和灾害性而一直是安全航行研究的重点，在这方面，AIS 数据发挥了很大作用。例如，李连博（Lianbo Li）等利用从 AIS 提供的数据中提取和分析的相关信息，通过高风险海域多目标、多层次、模糊优化模型的仿真计算，构建了一个包含船舶交通量、船舶密度及其分布、船速及其分布、船舶间距、船舶航迹、遭遇率等参数在内的决策模型（多目标、多层次、模糊优化模型），能预估出船舶碰撞风险，同时也为船舶定线系统设计、搜救地点布置、救援力量配置和航行安全管理提供决策参考[1]。日本学者福田（Fukuda）等利用 1 年的 AIS 海啸监测数据，基于气体模型和障碍区目标对海上交通状况进行了分析，可用来识别和评估船舶碰撞的高风险区域。通过大数据技术对航道进行规划也能在很大程度上降低船舶碰撞的风险。路线规划中最常用的方法是启发式算法（如进化算法和蚁群优化）[2]。刘钊（Zhao Liu）等认为遗传算法和粒子群算法这两种基于启发式的优化技术在路线规划中有其特有的优势，为了提高受限水域航运路径规划的准确性，他们提出了一种融合遗传算法和粒子群算法的混合启发式算法，实验结果表明这种混合启发式算法使路线规划的精确度大大提高。在多船相遇的情况下，为避免船只碰撞，一般会采取分布式局部搜索算法（DLSA）和分布式禁忌搜索算法（DTSA），这两种

　　[1]　Lianbo Li, Wenyu lu & Jiawei Niu, "AIS Data-Based Decision Model for Navigation Risk in Sea Areas", *Journal of Navigation*, Vol. 71, No. 3, 2018, pp. 664 – 678.

　　[2]　Fukuda, G., Shoji, R., "Development of Analytical Method for Finding the High Risk Collision Areas", *TransNav-International Journal on Marine Navigation and Safety of Sea Transportation*, Vol. 11, 2017, pp. 531 – 536.

算法的缺陷是船只相遇避碰需要收集大量信息，在紧急情况下仍然无法快速应对①。金东云（Donggyun Kim）等则引入了分布式随机搜索算法（DSSA），由此使得每艘船在收到目标船的所有意图后，可以立即改变航道②。

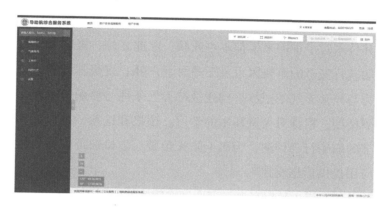

图 2 - 1 中国海事局 AIS 信息服务平台界面

资料来源：https：//ais. msa. gov. cn/.

在极地航行中，大数据也发挥着重要作用。例如，2014 年 1 月中国"雪龙"号极地考察船（简称"雪龙"号）在南极冰海救援被困的俄罗斯"绍卡利斯基院士"号时，由于气象条件突变导致海冰快速聚集使得其自身被困。在国内业务部门和有关科研单位等多部门的协同努力下，通过快速分析卫星遥感数据、气象海洋数据等，最终指导"雪龙"号成功脱困，成为海洋大数据指导极地航行船只脱困的典型案例③。随着极地生态环境和自然情况的变化，海

① Zhao Liu, Jingxian Liu, Feng Zhou, "A Robust GA/PSO-Hybrid Algorithm in Intelligent Shipping Route Planning Systems for Maritime Traffic Networks", *Journal of Internet Technology*, Vol. 19, No. 6, 2018, pp. 1635 - 1644.

② Donggyun Kim, Katsutoshi Hirayama, Tenda Okimoto, "Distributed Stochastic Search Algorithm for Multi-ship Encounter Situations", *Journal of Navigation*, Vol. 70, No. 4, 2017, pp. 699 - 718.

③ 侯雪燕、洪阳、张建民等：《海洋大数据：内涵、应用及平台建设》，《海洋通报》2017 年第 4 期。

洋生态环境与生态系统也发生了巨大改变，从而产生系列连锁反应，对林业、农业、海洋渔业等产生不利影响。极地地区无疑将具有越来越重要的战略意义，俄罗斯、加拿大、美国和芬兰等国家都十分重视北极冰域船舶航行的安全。作为一个"近北极国家"，无论是在极地考察与极地治理方面，还是在北极水域运输方面，大数据及其技术对于中国来说都不可或缺。除此之外，极端天气也是影响船舶航行安全的重要因素。王冬海、卢峰、方晓蓉等则通过对船舶行为与异常天气的回放来构建极端天气条件与船舶密度变化的算法预测模型，根据对大量样本的学习、预报和检验，得到灾害天气情况下的船舶行为预测，为海上防灾预警、港口泊位管理与指挥调度等应用提供信息支撑[1]。

此外，海洋大数据在海洋交通运输领域的应用还包括造船和船舶管理领域，如利用大数据改善船舶设计、节约造船成本，以及构建海运信息体系、利用大数据技术开展精细化运营以及管理港口等。

三 海洋大数据在海洋渔业领域的应用

海洋渔业的发展面临海洋灾害、非法捕捞等问题，对渔民人身安全及渔业的可持续发展造成一定威胁。海洋大数据的发展，可以以监测数据为基础，融合历史渔业信息，结合船舶位置信息、作业信息，搭建渔业相关大数据平台系统，通过深度挖掘海洋温度场、海流和地形地貌等海洋参数与渔业相关历史数据的关系，结合遥感监测和海洋环境数值模拟技术，采用智能化算法模型，实现对渔情的实时预报，并对海上安全生产和渔业产品销售提供支持。过度捕捞会对海洋生态系统安全带来巨大威胁，因此，

---

① 王冬海、卢峰、方晓蓉等：《海洋大数据关键技术及在灾害天气下船舶行为预测上的应用》，《大数据》2017 年第 4 期。

一些研究探讨了利用 AIS 数据监测非法、未报告和无管制捕捞活动的潜力。盛凯（Kai Shen）等采用逻辑回归模型，利用从船舶航行轨迹中提取的特征来构造船舶分类器，给出了基于真实 AIS 数据建立渔船和货船分类模型的实例，可以很好地解决渔船和货船在沿海地区的分类问题，在分类的基础上对渔船的活动进行密切监测①。米歇尔·维塞（Michele Vespe）等通过从 AIS 数据中提取捕鱼活动，绘制欧盟的捕鱼足迹（即捕鱼面积和强度）②。此外，大数据技术和分析方法还能在渔情的预报方面发挥作用，如预报渔期、渔场、鱼群数量和质量以及可能达到的捕获量等。这类研究主要通过对海洋水温、海洋叶绿素浓度等影响鱼类分布的海洋环境要素进行监测和分析，从而判断鱼类的分布密度③。这能有效缩短渔民出海时间，提高捕鱼效率，实现精准作业，因而在一定程度上降低安全事故的发生概率。

四　海洋大数据应用展望

海洋大数据的应用在未来将主要集中在海洋防灾减灾和促进海洋经济发展两个方面。近年来中国沿海地区社会和经济的快速发展，以及沿海人口密度的快速增加，再加上近岸、近海和远海海上作业的数量和频次不断增多，各种海洋灾害对中国造成的损失也随之上升，应对海洋灾害，加强海洋防灾减灾成为当前中国海洋事业发展的重要内容之一。海洋大数据的应用将有效提高海洋防灾减灾能力，降低海洋灾害的损失。通过大数据分析应用能够对海洋灾害

① Kai Shen, Zhong Liu, Dechao Zhou, "Research on Shio Classification Based on Trajectory Feature", *Journal of Navigation*, Vol. 71, No. 1, 2018, pp. 100 – 116.

② Michele Vespe, Maurizio Gibin, Alfredo Alessandrini, et al., "Mapping EU Fishing Activities Using Ship Tracking Data", *Journal of Maps*, Vol. 12, No. 1, 2016, pp. 520 – 525.

③ 侯雪燕、洪阳、张建民等：《海洋大数据：内涵、应用及平台建设》，《海洋通报》2017 年第 4 期。

进行预警预报、提前疏散和撤离海上作业人员和沿海受灾人员，对海洋灾害及时进行损失评估，建立海洋灾害应急管理制度等。在海上溢油事故处理方面，随着中国海洋石油业和海洋石油运输的快速发展，海上溢油事故时有发生，对近海海域造成了严重影响，通过卫星和海上平台等监测系统对海上溢油实施 24 小时不间断监测，能够及时掌握和处理海上溢油事件，提高海上溢油事件处理的效率和效果，降低海上溢油事件的损害。海洋资源包括渔业生物资源、海洋石油、海洋矿产、滨海砂矿、海水化工资源和海洋能源等，通过海洋大数据掌握和监控海洋资源，也能够为海洋资源的科学开发和可持续利用提供数据支持。海洋大数据还能够应用于滨海旅游方面，通过大数据挖掘滨海旅游城市在旅游业上的信息，利用大数据分析游客的游览路径、消费行为和景点选择等信息，可以有效预演滨海旅游业的发展态势，进而采取科学有效的滨海旅游管理措施。

　　海洋大数据的应用目前还存在以下问题：在海洋数据标准方面，由于观测设备及应用的不同，以致数据难以得到统一管理与应用，如何打破壁垒、建立统一的数据标准，以一种集成共享的模式分发空间数据、协同完成传统数据的处理是问题之一。在海洋大数据共享方面，由于领域的独立性及数据的安全性，导致海洋数据往往产生众多信息孤岛，无法充分发挥数据价值，如何解决数据共享难题，避免信息系统的重复建设及资源的浪费是问题之二。在海洋大数据分析方面，由于数据口径的不同，一体化数据的融合、挖掘、可视化等技术存在兼容性较差的问题，如何将各学科融会贯通，突破关键通用分析技术，实现海洋数据一体化的分析是问题之三。鉴于海洋大数据应用落地的困难，如何实现海洋大数据的一体化产业化应用，为政府部门提供决策支撑，解决民生、国防、安全、环保等领域的问题，保障人类社会的健康持续发展是问题之四。综上所述，目前海洋大数据的应用还存在许多问题，仍需进一步的研究与拓展。

第三章　海洋大数据平台

如何更好地发挥海洋大数据优势，挖掘其蕴含的巨大价值对人类社会的发展至关重要。在海洋大数据采集和应用之间，数据库、分析系统以及使用平台发挥着至关重要的桥梁和使用终端的作用。

第一节　海洋大数据平台的作用和意义

除了发挥桥梁和使用终端的作用，海洋大数据平台的建设，还担负着数据公开的作用，并且具有促进海洋大数据开放共享、重塑海洋事务决策模式、提升海洋产业智能化和数字化的重要意义。

一　促进海洋大数据开放共享

当前社会已经进入信息时代，大数据成为一种重要的国家战略资源，尤其是海洋大数据，大量基础性、关键性的海洋大数据基本掌握在各级政府手中，作为公共产品的数据，天然具有"取之于民，用之于民"的内在需求，海洋相关从业者、研究者甚至是普通大众，都有使用海洋大数据的权利。建立海洋综合信息管理平台，一方面能够加强统筹协调，提高海洋大数据的开放水平，另一方面能够加强统一管理，保证海洋大数据的优质度和安全性。

中国十分重视数据的共享，数据开放共享的政策措施和管理机制日益完善，尤其是政务数据共享方面，不断加快政务数据共享的步伐，推进公共数据有效开发，探索政企数据互通共享，而企业数据共享基本处于黑箱状态，企业数据开放以市场化行为为主。公共数据是大数据的主要部分，要打通经济社会发展的信息"大动脉"，发展大数据产业，公共数据的开发、开放和利用是重中之重。公共数据走向开放推动经济社会发展，已是大势所趋。中国政府也通过连续发布多项政策措施、制定法律法规、完善管理机制、规范标准体系等手段全方位、立体化、持续有序地促进数据开放共享。在地方层面，部分省份陆续成立了大数据局等相关机构，负责贯彻执行大数据相关法律法规和方针政策，统筹云网和大数据基础设施建设、统筹管理数据资源以及统筹推进大数据安全保障体系建设等职责。国务院办公厅印发的《全国一体化政务大数据体系建设指南》指出，2022 年全国一体化政务数据共享枢纽已接入各级政务部门 5951 个，发布 53 个国务院部门的各类数据资源 1.35 万个，累计支撑全国共享调用超过 4000 亿次。国家公共数据开放体系加快构建，21 个省（自治区、直辖市）建成了省级数据开放平台，提供统一规范的数据开放服务①。但是企业数据共享则基本处于黑箱状态，企业间数据共享存在隐蔽、不透明等特点。同时，也面临数据产权界定难度较大、数据价值难以有效衡量、体制机制仍待进一步完善、数据安全风险日益突出四大问题挑战。

作为大数据开放共享的重要载体，大数据平台建设尤为重要，要围绕社会公共数据开放需求，不断做好平台优化升级。一是要加

---

① 国务院办公厅：《国务院办公厅关于印发全国一体化政务大数据体系建设指南的通知》，2022 年 9 月 13 日。

强开放数据的"完整度",除非涉及国家安全、商业机密、个人隐私或其他特别限制。二是加强开放数据的"原始性"。"数据"与"信息"是不同的概念,两者是有区别的,应区分"信息公开"与"数据开放"的关系。数据开放中所指的"数据"是大量原始的、未被加工的数据资源,这些数据资源类似于数据矿产中的"原矿石",需要经过加工,才能产生价值,所以应当把开放原始数据作为数据开放的重中之重。这一点在海洋大数据领域尤为重要,海洋大数据的多样性强,相关性也强,任何一项关于海洋的事务都要综合考虑各种因素,不仅在科学研究上原始数据具有不可替代性,在海洋管理和政策制定、执行过程中,同样需要原始数据的支持和反馈。三是加强开放数据的"优质度"。优质数据是指数据量大、社会需求高的数据集,数据公开时要关注数据质量,提高数据的及时性,减少数据的碎片化,提高数据的可获取度;减少无效数据,提高数据的可机读性;减少数据开放的歧视性,提高数据的开放授权、免费授权。这就要求大数据平台在建设过程中,不仅要发挥数据库存储的作用,更重要的是具备一定的分析和处理数据的能力和技术,能够对大量的、异构的数据进行实时或准实时的清洗、筛选和简单的分析,以满足用户的需求。

二 重塑海洋事务决策模式

将海洋大数据作为地方政府决策的重要辅助工具,真正做到用"数据说话",发挥大数据提供"事物关联性"方面的优势,通过分析和挖掘,实现预见性的决策和实时性的反馈,进而全面、及时地评估决策的实施效果,并作出跟踪性的调整,实现海洋的综合管理和科学决策。

中国大数据管理平台较为成熟的当属"城市大脑"数字政务平台建设,各个城市依托大数据资源,整合各类政务平台,纷纷建设具有自身特色的城市大脑。① 如荣获 2021 年度中国信息化数字政务创新奖的日照城市大脑，于 2021 年 6 月 28 日正式上线运行。按照五横三纵架构，夯实数据采集系统及云、网、端城市硬件支撑层，建设数据、业务、一体化赋能层，探索实用好用的应用场景层，完善标准规范体系、安全保障体系和组织运营体系，真正实现"一屏观全市，一网管全市"。目前，日照城市大脑已接入全市 31 家委办局的 150 个系统，建设了出租车走航空气监测、智慧城管、智慧应急、全科网格、优泊停车等 50 多个应用场景。通过城市大脑打造各类数字治理场景。智慧生态方面，已建设完成"天空地"一体化大气环境质量智慧监管平台（一期），汇总集成现有的空气质量、地表水、污染源、机动车排气遥感监测、机动车环检机构监管等监控系统，汇聚、分析和展示各类生态环境监测数据，为生态环境治理与决策提供支撑。搭建日照市走航大气监测系统，通过在出租车安装走航监测设备，实现对监测区域的道路及周边空气中的颗粒物污染的高密度精准监控，为重点区域的扬尘污染靶向治理提供技术支撑。智慧交通方面，搭建了道路交通智能安全平台，集交通事件的感知、采集、展示、调度、处置、反馈于一体，实现对全市范围内路面交通事件、设备资源的全面管控。搭建了道路交通信号控制系统，实现交通信号控制参数的远程调整、路段及区域的协调控制、特勤线路协同保障等，最大限度提升道路通行效能。搭建了 AR 实景指挥作战系统，可实现大范围立体监控与视频联动，能够以画中画展示低点摄像机视频，做到可查询、可搜索、可定位、可描述、可报警、可联动，实现从平台 GIS 指挥到立体实景指挥的转变。打造了智能化公交运行网络，乘客可通过 App 或小程序等实时查看车辆运行状态并通过刷卡、扫码等方式进行支付。搭建了智慧停车管理云平台，可实现泊位查询、停车引导、无感支付、热点分

---

① 全国信标委智慧城市标准工作组：《城市大脑发展白皮书（2022 版）》，2022 年 1 月。

析、僵尸车治理、套牌查处等功能。智慧应急方面，搭建智慧应急平台，融合应急指挥体系、应急预案、应急专题、应急资源、应急一张图、应急演练和应急处置，形成"反应灵敏、上下联动、平战结合"的城市安全大应急管理体系。依托日照城市大脑建设监测预警体系和救援实战体系，对安全生产、防台防汛、森林防火、地震监测、消防安全、交通安全、客流安全、公共卫生等实现"情指行一体化"的应急管理智能决策辅助和统一指挥协调调度，实现应急事件处置的事中事后全流程闭环管理。智慧城管方面，搭建日照市城市综合管理智慧平台，以城市管理数据中枢与可视化系统为基础，通过整合城市管理各行业信息数据资源，并联数字化城管、环卫监管、园林绿化监管、燃气热力监管、供排水监管、建筑垃圾管理、城市防汛指挥、综合行政执法等多个业务子系统，同时将各级城市管理部门、养护企业、人员、设备纳入平台，推动线上管理、线下管理深度融合，实现城市感知、分析、指挥、服务、督察"五位一体"。

通过海洋大数据平台，能够打破决策自上而下的"一元化"决策模式，实现多元主体参与、各级政府协同的决策模式，使海洋事务的决策机制更加扁平化，决策主体更加多元化。同时，利用大数据技术对系统中的数据进行挖掘分析，将提高各级海洋相关管理部门的履职能力、丰富监管手段、提升服务水平，使得海洋事务管理更加高效、透明和科学。

三　提升海洋产业的智能化和数字化

通过对海洋第一、第二、第三产业所涉及各个行业的要素进行数据挖掘，可以实现海洋产业的智能化控制、精准化运行和科学化管理，进而达到高产、高效、生态、安全的目标。一方面通过海洋大数据提升海洋产业经营网络化，有助于对海洋产业进行监测和调控，对海洋各领域产品市场进行细分管理，实现海洋产业与大市场对接，构建海洋产业方面的电子商务市场。另一方面通过建立渔民基础信息、涉海生产经营主体、涉海科研服务机构、海洋科技推广队伍等海洋产业信息的基础数据库，利用大数据技术逐步构建基于生产经营主体行为准确分析的满足特定需求的垂直化产品和服务，实现海洋产业的精准服务。

海洋大数据平台建设能够提升海洋科技创新能力和成果转化能力。海洋大数据的应用离不开信息技术的发展，利用海洋大数据，首先，能够带动数字经济的发展。海洋大数据本身并不能创造多大价值，需要利用一定的技术手段对其进行处理分析才能获取有价值的信息。围绕大数据的价值发现过程，需要数据采集、预处理、存储和管理、数据分析和挖掘、结果展现和应用等一整套的设备和技术支撑。如在海洋大数据采集阶段，主要是各种仪器设备的应用，如传感器、便携式终端等；预处理阶段，主要是数据标准化、去噪等技术支撑；在存储阶段，主要是大数据软件和系统等，如 No SQL 等数据库的应用；而在应用阶段，则需要不同的处理平台和技术支撑。其次，能够提升海洋科技创新效能。大数据应用对科技创新的影响十分明显，例如制药行业，数字化增加一到两个数量级，就可能导致新的分析技术的创新。而收集和分析海量的微观金融数据，则极大地促进了金融业的发展。利用海洋大数据技术，将有效带动海洋生物基因组学、海洋药物、生物信息学等学科的创新发展，创新海洋科研方式，提高海洋科研创新能力。

第二节　经济服务平台

大数据平台的建设，除了支持、服务科研的专业数据平台以外，近年来随着数字经济和数字办公的发展，经济服务平台的建设也逐渐兴起。经济服务平台一般由地方政府建立，是为了区域经济发展，针对经济市场主体和社会发展在一定时期的公共需求，通过组织整合以及集成优化，提供数据共享、资源共用的数字基础设施、设备和信息渠道，以期为市场主体和社会发展在经济领域和社会服务领域提供公共服务的政府信息工作系统。

一　智慧型经济服务平台

智慧型经济服务平台一般是指政府相关部门以大数据为基础，依托云计算、人工智能、移动互联网、物联网和区块链等信息技术搭建的智能化信息管理和服务平台。智慧型经济服务平台的主要业务是管理、集成和共享区域日常经济活动产生的海量数据，构建的目的是实施经济信息互通互动、经济数据处理与分析、预期管理、企业服务、社会服务等经济管理和服务智能，打通信息壁垒，推动实体经济和数字经济融合发展，实现经济管理和服务的智能化、系统化和自动化。智慧型经济服务平台首先具有智能化的特征，这也是平台建立的标准，即具有高水平的智慧性，能够对地区经济和社会运行情况进行智能化分析和研判，能够运用大数据和云计算等信息技术，对经济和社会生活产生的大数据进行自动挖掘、分析和处理，并作出相应的智能化应对政策或建议，平台的建立能够提升经济和社会管理的智能化和自动化水平；其次具有系统化的特征，智能型经济服务平台应全面系统地整合政府内部相关部门的经济管理工作，实现统一对外受理各类经济服务诉求、统一处理各类经济事务；最后具有常态化的特征，作为一种常态化运行的经济管理模式，在日常生产和生活中不间断地收集、积累各类数据，实现对日常各类数据的分类管理和分析处理，不断挖掘数据价值、提供管理服务。

二　智慧型经济服务平台的建设意义

一是能够提高政府管理经济的能力。中国的经济管理体制和模式，赋予了相关部门很多的职责和权限，同时进行经济管理和服务工作也需要大量依靠历史和当期经济数据，政府无论是在宏观上的经济动态监测预警和调整，还是微观上的税收征管报表等具体工作，在过去都大量依靠人力和现场调研，不但耗费时间精力等成本，从不同渠道获取的经济和社会活动的数据其准确度和实时性还难以保证。智慧型经济服务平台的构建，是信息技术在公共服务领域的深层次应用，能够真正改进公共服务技术手段，改变地方政府管理经济的方式，从根本上解决以往政府管理与服务技术手段落后的问题。智慧型经济服务平台能够大幅度提高经济主管部门服务效率，让政府的服务更直接、更及时、更准确，企业和群众办事更便利，提高了服务质量。

二是能够实现公共管理的良好互动。当前中国地方经济服务工作的实施仍是以政府部门为主体，是地方政府管理经济的重要组成部分。尤其是相关经济政策和措施的制定实施，尽管在前期政府相关部门会开展大量的调研，但为了体现公平性和可执行性，往往采取"一刀切"的模式，面对日新月异的市场和各种新兴企业，无法回应特定企业的特殊需求，即经济政策无法满足市场日益显著的个性化需求。经济服务平台的即时通信、实时反馈等应用，能够满足和提供交互式的互动管理，便利政企之间、企业之间的沟通交流，通过对企业进行精准分类和快速定位，为政府相关部门提供个性化服务明确目标群体，满足了市场不同类型的特定经济服务需求。

三是能够突破经济服务的时空限制。通过信息技术搭建的经济服务平台，建立了政府与市场主体之间的沟通机制；通过平台提供的 WEB 端、智能手机端等，企业和个人能够通过电脑、手机等不同的终端随时随地享受平台提供的经济服务，也满足了政府相关部门移动协同办公的需求，提高了政府的反应能力，突破了以往的时空等诸多限制。

四是能够提供常态化管理。智慧型经济服务平台具有历史记录功能，企业何时何地提出何种需求，具体经办人员及其意见，部门流转流程等所有历史记录都有迹可循，一方面能够有效建立起跟踪督办和审计监督机制，另一方面通过积累各类事项的大数据，可以对历史记录反映的类似问题、衍生问题进行系统综合的分析研判，通过历史记录建立起常态化管理的工作制度。通过大数据对市场出现的类似问题、衍生问题的分析研判，能够持续改进经济管理和服务工作，形成常态化机制。

第三节　海洋大数据平台建设案例

随着信息技术和网络技术迅猛发展，云计算、人工智能、数据挖掘、虚拟现实等技术不断推动着大数据应用的快速发展，"数字地球""数字海洋"等概念相继涌现，然而，海洋大数据的综合应用和信息服务能力还相对滞后。通过构建海洋大数据平台，组建海洋领域的物联网，统筹海洋观测、网络、信息等，可以推动海洋信息化建设，实现海洋管理、信息服务、分析决策的智能化。

一　国家海洋科学数据中心

国家海洋科学数据中心由国家海洋信息中心牵头，采用"主中心＋分中心＋数据节点"模式，联合相关涉海单位、科研院所和高校等十余家单位共同建设。以"建立机制—整合资源—研发系统—运维推广—攻关技术"为路径，建立完善数据汇集和更新机制，整合汇聚各领域各区域海洋科学数据资源，攻克海洋云计算、共享资源池和可视化等海洋数据共享关键技术，以"互联网＋海洋"的举措，创新海洋数据共享服务理念和模式，以为国内外科研人员、涉海部门以及公众等提供标准统一、服务便捷、开放安全的多元化数据共享服务为主要职能，基本形成了海洋主管部门牵头、涉海单位共建、全社会共享的网络化海洋科学数据共享服务新格局和"名片"。国家海洋信息中心充分发挥国家海洋数据资料的统筹管理优势，集中管理中国自 1958 年全国海洋普查以来所有海洋重大专项、极地考察与测绘、大洋科学考察、业务化观测和国际交换资料，开展国内外全学科全要素的海洋数据整合集成，建成集合 16 亿站次、总测线长度超百万公里的新一代海洋综合数据集①。同时不断汇集整合中心共建单位的卫星遥感、海洋渔业、深海大洋、河口海岸等领域的特色数据资源，研制发布海洋实测数据，分析预报数据及专题管理信息产品，建立分类分级的海洋科学数据管理体系。提供实测数据，分析预报数据、地理与遥感数据以及科技计划项目数据等海洋大数据，同时也提供数据可视化和数据汇交功能，全方位满足不同用户的需求。截至 2019 年 10 月，中心可公开共享数据总量约 8TB、有条件共享和离线共享数据量约 110TB，空间范围覆盖全球海域，数据类型包括海洋环境数据、海洋地理信息产品和海洋专题信息成果三类。累计注册用户数 3000 余人，累计访问量约 22 万次，在线数据共享服务 2000 余次，下载数据量 19TB。中心面向西太平洋区域和"21 世纪海上丝绸之路"沿线国家（地区）不定期推送海洋环境数据、海洋基础地理数据及图集报告等产品。累计为30 余家涉海单位提供 200 余次资料咨询，提供离线资料服务 65TB。通过离线和点对点传输服务为军队提供海洋环境数据以及专题信息

---

① 周思远：《腐蚀的灾害风险及考虑腐蚀的桥墩强度设计方法研究》，硕士学位论文，哈尔滨工业大学，2021 年。

产品约55TB，为海上军事行动和装备试验提供有效支撑，促进海洋信息领域军民融合①。

二　深圳市海洋综合管理信息平台

深圳市海洋综合管理信息平台由深圳市规划和自然资源局下属市海洋监测预报中心（市海域使用动态监管中心、市海洋信息中心）建设，采用3S（GIS、GPS、RS）技术、传感器技术、网络技术、通信技术和视频技术等新一代信息技术，建成了国内首个区域全覆盖的海洋立体观测监测网络，在此基础上进行数据的在线采集和实时更新，对近岸海域海潮、海流、海浪等进行精细化观测和空间化表达，提升了海洋预警预报能力；也是国内首个综合"地理海情"大数据库，数据信息涵盖区域海洋生态环境、海洋资源、海洋产业经济和海域使用等海洋自然和人文要素，初步形成了海洋大数据分类与分级体系。构建了陆海一体化的业务管理模型，建立了宗地宗海统一管理、土地海洋联合执法的技术支撑架构。

三　中国科学院海洋研究所海洋大数据中心

中国科学院海洋研究所海洋大数据中心于2018年5月正式成立，旨在面向海洋权益维护、经济发展和科学研究重大需求，建立长效的数据资源获取和处理体系；发展多源观测数据融合、数据质量控制、数据分析挖掘、数据产品研发、海洋人工智能等关键技术，建立完善的海洋大数据资源和应用技术体系；构建海洋特色专题数据产品，发展服务海洋经济、健康海洋和近海海洋活动等的决策支持系统，形成集产、学、研、用于一体的海洋人工智能与大数

---

① 国家海洋科学数据中心，http：//mds. nmdis. org. cn/pages/aboutUs. html。

据中心。中心集聚多源数据，建设海洋人工智能和大数据平台，融合、贯通数据存储和超算等 IT 基础设施环境，支撑科学研究和技术研发，服务社会经济发展。中心充分发挥资源集聚优势，采用"任务带动、联合攻关"的方式，联合国内外多家涉海单位，形成了集数据管理服务、在线分析、可视化、决策支持于一体的运行服务体系。提供以 COMS 全球海洋科学数据集和自主观测数据为主要内容的专题数据产品和全球观测数据两大数据源，同时具备数据汇交功能，即由科研工作者和研究机构将数据或数据产品汇交至中心，中心进行整编后将数据按照指定方式分级分类对外共享公开。中心提供数据可视化、人工智能、DOI/CSTR（Digital Object Identifier，数字对象唯一标识）以及线下展厅等应用服务，积极探索人工智能技术在海洋科学研究中的应用，中心研究团队在基于深度卷积神经网络的海岸带水淹分析等研究方向取得了显著成果。除此之外，中心还对外提供超算服务，如建成于 2009 年 12 月的中国科学院超算环境青岛分中心。

第四节　海洋大数据平台建设存在的问题

尽管国内外海洋大数据平台建设已经比较普及，但是仍存在基础设施薄弱、互联互通较差、应用范围较窄等问题。

一　基础设施薄弱

海洋大数据平台一般由海洋大数据采集—分析—使用三个系统构成，具体包括海洋大数据采集网络、大数据库、分析与计算平台、信息可视化表达平台以及应用与发布平台。海洋大数据在应用流程的不同阶段所需基础设施支撑也有所不同。各个阶段所涉及的技术和设备包括主要由遥感卫星、科考船、浮标潜标等组成的海洋立体观测监测物联网体系，这个体系有主要以云计算为基础的云存储、虚拟化网络、虚拟主机和云平台等数字信息体系，以人工智能和机器学习为基础的大数据筛选分析工具、神经网络、应用模型等分析与应用体系以及以客户端构建为基础的网络计算机、智能设备、各类软件等支持的灵活机动的客户操作端体系。即使目前海洋大数据平台构建比较成熟的美国和欧洲，在各个环节仍存在不同程度的薄弱节点。此外，人才问题也限制了海洋大数据平台的建设与开发。尽管部分省份已成立大数据局统筹管理当地大数据应用建设发展事务，但一般在区县层面未成立独立部门，对相关工作的有序开展造成一定影响。同时，受区域及企业规模限制，企业引进、留住高端、高层次人才难度大，导致人才培养供给与海洋大数据应用发展需求不匹配，技能型人才、大数据与人工智能人才较为匮乏。

二　互联互通较差

大数据平台的互联互通问题，不仅涉及数据共享使用方面，还涉及平台重复建设以及会造成"信息孤岛"和"信息烟囱"的现象。海洋大数据平台建设也面临互联互通的问题。海洋本身在物理意义上就是互联互通的，但是在海洋事务管理上，因为行政区划、管理部门、具体事务等的不同而进行了人为分割。这种事务管理的分割在一定程度上提高了海洋事务的管理效率。然而大数据时代，这种人为分割则在不同层面上影响了数据的互联互通。

海洋大数据平台的互联互通，不仅涉及海洋相关业务，还涉及工信、电子信息、航空卫星、资源环境等相关部门的数据业务，在各个部门间进行紧密合作之前，数据在政府部门间的畅通互联，就存在很多问题。一是"不愿"开放。政府部门因行政管理需要等，汇集了海量的数据，但是一些部门，尤其是地方政府将各部门数据视为自身部门的利益，不愿开放数据；即便开放，也是基于利益的交换，数据成为部门的"私有财产"。二是"不敢"开放。一些部门和地方政府因担忧个人隐私、数据安全等问题，同时涉及具体实际数据公开时，又往往没有或者缺乏明确的法律法规条文支撑，导致无法准确判断哪些信息需要开放、哪些不需要开放。三是"不会"开放。一些地方政府对数据到底应该向谁开放、如何开放的步骤和执行方案不清晰，加之政府部门之间信息壁垒严重，信息传递纵强横弱、政府各部门数据存在标准不一、质量良莠不齐的现象，这些问题的存在客观上阻碍了地方政府数据的共享流通，也导致地方政府在治理创新时，在数据收集方面遇到了"巧妇难为无米之炊"的窘境。同时由于不同地区间信息发展水平参差不齐，受限于基础设备和信息技术的水平，也无法实现平台的互联互通，影响了跨域通办、主题集成服务、政务服务数据分析等工作的开展。无法畅通互联的另一个影响就是会造成平台的重复建设以及不兼容现象。为避免出现类似现象、改善平台的互联互通状况，建议海洋大数据平台至少要由省级机构出面组建，整合沿海地区已有资源，真正发挥海洋大数据的应用价值。

三 应用范围较窄

综合来看，现有海洋大数据平台存在应用范围较窄的问题，主要集中在科学研究、减灾防灾、渔业生产安全等领域，对于社会经济领域涉足较少，无法充分挖掘和发挥海洋大数据的价值。中华人民共和国工业和信息化部制定《"十四五"大数据产业发展规划》时，提出"融合创新"的基本原则，要"坚持大数据与经济社会深度融合，带动全要素生产率提升和数据资源共享，促进产业转型升级，提高政府治理效能，加快数字社会建设"。

第四章 海洋经济大数据

随着海洋强国战略的深入实施，中国海洋经济自 20 世纪 90 年代以来以平均两位数的增长率快速发展，成为带动沿海地区经济和社会发展的主要增长点之一。"智慧海洋""数字海洋"等海洋信息化建设和研究，积累了大量海洋经济大数据，就大数据管理而言，海洋自然科学类的大数据管理相对成熟，标准体系建设较为成熟。然而就应用范围来讲，海洋大数据在自然研究和防灾减灾方面应用较多，对海洋经济大数据的重视和开发利用程度不够，一些深藏的价值关系和相关应用没有被有效发现。无论是海洋自然科学类大数据还是海洋社会科学类大数据，海洋大数据的价值应最终体现在服务经济社会发展上。因此，本书将以大数据思维为基础，将能够服务于海洋经济发展的海洋大数据统一纳入海洋经济大数据范畴，聚焦其在海洋经济社会发展中的价值，重点研究海洋大数据在海洋经济领域的应用，为中国海洋强国战略贡献大数据智慧。

第一节 海洋经济大数据概述

海洋经济大数据并不是海洋大数据严格意义上的类别之一。按照数据类型来划分的话，通常可以将海洋大数据分为海洋自然科学类大数据和海洋社会科学类大数据两大类。海洋自然科学类大数据主要是指对海洋自然环境属性进行观测监测或模拟而得到的数据，包括海洋的水质和生态环境信息（如叶绿素浓度、悬浮泥沙含量、有色可溶有机物等）、海洋动力环境信息（海水温度、海面风场、海面高度、海浪、海流、海洋重力场等）以及海洋生物、海洋化学、海底地质、沉积物、水下地形、海冰、海水污染等其他海洋信息数据[①]。海洋社会科学类大数据则主要是相对于海洋自然科学类大数据而言，目前学术界、政府并没有给出明确的定义。根据现有海洋研究进展、海洋事业发展、海洋强国战略所涉内容，以及高层海洋决策所涉因素，可大致分为海洋管理数据、海洋产业数据和海洋文化数据三大类。海洋管理数据主要包括海洋政策信息、海洋法律信息、海洋战略舆情信息，概括而言为海洋综合管理所需要或者产生的数据。海洋产业数据主要是指与海洋渔业、海洋交通运输业、海洋油气业、海洋船舶工业、海洋盐业、滨海旅游业、海洋服务业等相关的数据，以及与海洋产业相关的经济和产业发展研究，海洋产业政策、规划、园区、投融资等产业全链条数据，以及海洋产业技术等方面的数据。海洋文化数据主要是指与海洋人文历史相关的图文资料、海洋意识、海洋教育等方面的数据。

　　海洋经济大数据并不单纯地等同于海洋社会科学类大数据，而应该参照其大数据源即海洋经济来论述。"海洋经济"并没有一个被业界普遍认可的定义，并且随着时代的发展和进步，"蓝色经济""向海经济"等不同的提法或者术语更是层出不穷。目前比较统一的说法，都离不开海洋产业和海洋生态环境两大方面。如欧盟委员会将海洋经济定义为：海洋经济由涉及大洋、近海和海岸带的行业及跨行业的经济活动组成，包括那些直接和间接地支持这些经济行

---

　　① 侯雪燕、洪阳、张建民等：《海洋大数据：内涵、应用及平台建设》，《海洋通报》2017年第4期。

业的配套活动，这些活动可以位于任何地方，包括内地国家①。
Park 在对现有的海洋经济的定义与概念进行深入研究之后，提出了
与欧盟委员会比较类似的定义：海洋经济是指发生在海洋，接受海
洋提供的产出，并为涉海活动提供商品与服务的经济活动。即海洋
经济可以定义为直接或间接地发生在海洋，利用海洋的产出，并把商
品与服务投入海洋活动的经济活动②。经济合作与发展组织（OECD）
则指出，海洋经济应包括不可量化的自然资源和非市场价值的产品
和服务，即将海洋经济定义为海洋产业的经济活动以及海洋生态系
统的资产、产品和服务之和③。中国在 2003 年 5 月发布的《全国海
洋经济发展规划纲要》中，也给出了海洋经济的定义，即海洋经济
是开发利用海洋的各类产业及相关经济活动的总和。海洋经济一般
是指为开发海洋资源和依赖海洋空间而进行的生产活动，以及直接
或间接开发海洋资源及空间的相关产业活动，由这些产业活动形成
的经济集合均被视为现代海洋经济范畴，主要包括海洋渔业、海洋
交通运输业、海洋船舶工业、海盐业、海洋油气业、滨海旅游业等
海洋产业，以及受海洋产业活动所影响的海洋生态系统，主要包括
海洋、盐沼和潮间带、河口和潟湖、红树林和珊瑚礁、海洋水体和
海底等。

　　海洋生态环境既作为自然资产为海洋产业活动提供空间和资
源，影响着海洋产业活动的开展与进行，同时又反过来受到海洋产
业活动的影响。尽管将海洋生态环境纳入海洋经济范畴并研究是最
近十几年才开始的事情，但是有关海域使用生态补偿金等定量评估

---

　　① http://ec. europa. eu/maritimeaffairs /documentation/studies/documents/blue_ growth_ third_ interim_ report_ en. pdf, 2012. 3. 13.

　　② Park. K. S. , "A Study on Rebuilding the Classification System of the Ocean Economy", Center for the Blue Economy in Monterey Institute of International Studies, Monterey, California, 2014. 10. 11.

　　③ 经济合作与发展组织（OECD）：《海洋经济 2030》，林香红、宋维玲等译，海洋出版社 2020 年版，第 8 页。

和计算已经对海洋产业活动造成了重要影响，并且成为各沿海国家开展海洋经济活动的重要依据。因此，本书将海洋生态环境纳入海洋经济的研究范畴，除此之外，海洋综合管理在一定程度上也对海洋经济产生不可忽视的影响，政府决策对海洋经济的影响十分重要。综上所述，本书所指海洋经济活动，主要包括海洋综合管理、海洋产业、海洋生态环境三个方面，由这三个方面产生的大数据即海洋经济大数据，对海洋经济大数据的应用研究，也将从海洋综合管理大数据、海洋产业大数据、海洋生态环境大数据三个方面进行阐述。

第二节　海洋经济大数据内涵

简单来讲，海洋经济大数据就是海洋经济活动所产生的大数据，同时包括大数据思维、理念和技术在海洋经济领域的应用。从更加丰富的层次来讲，海洋经济大数据首先是各种结构化、半结构化的海洋经济数据的抽象概括，是海洋政策与管理的海洋战略数据、海洋科技与成果转化的海洋科技数据、海洋资源开发与空间利用的资源数据、海洋各类产品加工及存储运输的市场数据、海洋污染治理与生态环境修复的环境数据、各类涉海产业的产业链全流程数据等跨行业、跨专业、跨业务的海洋经济大数据的大集合；其次，海洋经济大数据是智慧化、精准化、网络化、数字化等现代化信息技术不断发展的电子计算机和网络等硬件产品在海洋经济领域广泛应用的产物；最后，海洋经济大数据也是分析汲取各类海洋数据应用价值、加快海洋产业转型升级、促进沿海海洋经济高质量发展的重要手段。

海洋经济大数据要解决的问题不仅有各类海洋相关存量数据价值挖掘和激活使用的问题，还包括海洋经济实时或准实时数据的快速采集和分析利用的问题，以及海洋政策、资源、产业、环境等各类海洋经济发展影响因素的信息数据关联性和相关性提取、分析、应用的问题。因此，海洋经济大数据的价值挖掘与利用要解决的问题不仅是关系型数据库集成共享的问题，还包括不同领域、不同行业、不同结构的信息数据交叉分析的问题，其中，大数据分析等信息技术是主要的手段，但是大数据思维和理念对于海洋经济大数据的应用影响也不可忽视。基于此，海洋经济大数据还包括以下几个层面的含义。

一是宽泛的采集范围和海量的数据源。在当前数字经济和信息技术高速发展的时代，基于智能终端、移动终端、视频和音频终端等现代信息化的采集技术在海洋经济领域的广泛使用，涉及海洋经济产业各个环节，包括产业政策制定与反馈、水产品加工及流通、涉海产业上下游产业链条、海域使用与环境监测等海洋经济相关的数字、文本、图形、图像的文档，甚至视频和声音等结构化、半结构化和非结构化的数据被大量采集。海洋经济领域本就相较于其他经济领域范围宽泛，现代化信息技术的利用，使得海洋经济大数据的采集获取方式和方法、时间和空间、广度和深度等都发生了深刻变化。不仅要提升海洋经济大数据的采集能力，面对海量的经济数据，更需要进行价值挖掘和拓宽应用思维。

二是交叉的行业领域和复杂的数据结构。海洋经济本身就是一个各产业、各行业、各部门交叉联动的领域，其范围既比单一产业大，又比区域经济的概念复杂，甚至被赋予了超越经济范畴的海洋权益和战略内容。跨领域、跨行业、跨学科的多结构交叉、综合、关联是海洋经济大数据的常态。在相应的数据存储与管理中，基于数据流和批处理的多结构、差异化的数据管理手段以及集成平台比关系型数据库更加适合海洋经济大数据。在实际应用中，交互可视化、经济网络分析、人工智能管理等技术在海洋经济监测、水产品质量安全溯源、海洋资源开发与利用等方面也被大量应用。

三是深度的产业协同和开放的数据共享。从全球意义上讲，海洋是一个贯通的水体，海洋经济是围绕海洋空间和资源形成和发展的，不同产业间的深度融合和协同发展，已经成为海洋经济发达地区的共识。不仅如此，即使单个海洋产业的产业链各个环节之间也形成了竞争和合作的平衡。海洋产业的更好发展和现代化进程，也离不开产业协同效应。海洋经济的高质量发展，需要形成一个可持续、高效、完整的经济生态圈。产生于海洋经济并将最终应用于海洋经济的大数据，更需要打破数据隔离的局面，打造开放共享的数据平台，汇总集成形成全面、全局、完整的海洋经济大数据库，才能充分发挥大数据的关联性、预见性等应用特征，并且将大大降低数据的获取成本，提升海洋经济大数据的利用效率。

四是科学的大数据思维和可行的大数据理念。当前，大数据的思维和理念越来越多地被政府、企业、研究人员等广泛接受，海量的数据成为各类决策的依据和基础。基于大数据和电子信息技术的产品个性化推广、服务精准化推介、需求预见性满足成为人们生活的日常。海洋经济大数据的应用亟须贯彻大数据思维和理念，以"全体样本"代替"抽样"，以全产业链代替孤立的产业链，以实时数据反馈代替不定期的经济调查。将大数据思维和理念贯穿决策的前、中、后整个过程，以全面的数据支撑决策、以实时的数据反馈决策、以整体的数据评估决策。

第三节　海洋经济大数据的特征

海洋经济大数据由结构化数据、半结构化数据和非结构化数据构成，并且随着各类智能设备的广泛应用，非结构化数据呈现出飞速增加的势头，并在数量上大大超过结构化数据。海洋经济大数据具备大数据的"5V"和海洋大数据的"5H"特征，同时作为相互关联的产业集群，海洋经济大数据还包括以下特征。

一是区域性。尽管海洋经济活动并不限于沿海地区，但是相较于陆地经济而言具有明显的区域性。海洋自然环境主要受纬度的影响，进而影响人类的海洋相关活动，但是由于地区发展历史、经济水平、人文科技等因素的影响，相似纬度沿海地区的海洋经济发展水平也不尽相同。受海洋经济区域性这一特征影响，海洋经济大数据也呈现出显著的区域性特征。海洋经济大数据的区域性特征，相较于陆地经济来说，在应用上具有天然的优势，比如使得对海洋产业链全流程信息数据的采集成为可能，在实时反馈响应方面相对较为便捷。可以利用海洋经济大数据的区域性特征，进行经济大数据的应用示范，探索在其他领域推广的先进做法。

二是公共性。各类海洋资源具有公共产品的属性，尽管各个沿海国家和地区都在不同程度上对私人利用海洋及各类海洋资源采取了许可证或租赁的方式进行限制，但是由于海洋的公共产权制度与陆地相比仍相对较少且不完善，并且海洋生物等资源具有很强的流动性，要想禁止或者严格管理未经审批的用海活动难度很大。在海岸带及沿海大陆架的管辖区域内，一般由沿海国家行使管辖权并相对较为严格，然而公海及海底区域，国际海洋管理组织的管辖权对各个国家的约束相对较弱，对于私人或者私有企业在国际水域或者水底进行的活动，限制和控制更是基本为零。对于具有公共产品属性的海洋经济活动产生的大数据，本身也具有公共属性，对其的采集、利用和交易，还需进一步深化研究。

三是综合性。海洋经济大数据的综合性主要体现在两个方面。一方面，海洋本身作为一个连通的流体，尤其是随着全球化的进程，在一个海域发生的事件往往会影响到其他海域，海上溢油和随着船舶或海流流转的污染物以及入侵物种等就是比较典型的例子。另一方面，海洋综合管理、海洋产业活动、海洋生态系统三者互相联系、相互作用。

四是分散性。海洋经济大数据的分散性与综合性并不矛盾，主要表现在数据组织分散。海洋产业不同的分类和环节分别属于不同的单位和部门，不仅有海洋产品的生产、流通、加工、储运等各个生产流通过程，还有不同产业间不同的商品服务，甚至不同沿海国家和地区因社会文化风俗的不同造成即使是同一类型的产业活动，也分化出不同类别的产品和服务。同时，尽管各沿海国家和地区都在探索统一的海洋综合管理，但是受历史人文、环境资源、部门利益等因素影响，集成高效、科学、统一的海洋综合管理方式仍处于探索阶段。海洋经济大数据的分散性特征，给大数据的集成和应用带来了一定的难度。

五是复杂性。海洋的范围本身比陆地大很多，同时海洋资源的自然利用过程、生态系统和物种并不局限在海洋法限定的边界范围，即使在某个沿海国家和地区的领海、毗邻区和专属经济区的管辖范围内，不同的活动和不同的位置，也会受到不同的法律法规制度的限制，更不用说超越国家管辖范围的公海和海底等国际水域，涉及其他国家和地区的利益，问题更加复杂，不同程度的各类经济纠纷甚至国家权益纷争可以说是遍布海洋世界。再加上人类对海洋，尤其是大洋和海底的认知和了解，限于成本和技术的问题，相比陆地而言要少得多。海洋的这种复杂性时刻影响着人类的海洋经济活动，海洋经济大数据也因此具有相对的复杂性，这为大数据的应用既增加了难度又提供了广阔的空间。

六是国际性。海洋作为开放的水体，其开发与利用的经济活动也同样具有开放性，并且作为全球一体贯通的水体，海洋经济具有很强的国际性，典型的代表如远洋渔业和海洋运输业。海洋经济占比较多的沿海地区，受国际形势、国家关系的影响非常显著，即使不如进出口行业那么明显，但是在好多口岸型城市，海洋经济在一定程度上也成为国际形势的晴雨表。不仅公海、大洋海底、极地等国际区域面临权属不清、责任不明的状况，即使有些国家的沿海和

大陆架以及专属经济区也因为《联合国海洋法公约》的认同程度和
理解程度不同，而或多或少地有着国家间的权益纠纷。尤其是随着
近海资源的衰竭，有些海洋强国将视线转向国际公共海域，将掠夺
和抢占公海、大洋深处和极地资源作为国家的海洋战略内容之一。
同样，海洋生态环境系统的保护和修复，也具有国际性，也是需要
全人类共同参与努力的事业。因此，海洋经济大数据的国际性就显
得十分重要，国际形势的动荡、海洋霸权主义和单边主义的抬头，
都将成为未来影响海洋经济发展的重要因素，也是海洋经济大数据
不可忽视的地方。

第四节　海洋经济大数据的处理流程

　　尽管大数据的利用具有重复性和非排他性，即可以重复利用和
多角度利用，但是也具有生命周期，也就是从数据产生一直到数据
消亡或者价值消失的过程。拥有海量的数据本身并不会创造出多大
的价值，需要使用一定的技术手段和工具进行分析和处理才能得到
蕴含其中的、具有可使用性的信息。围绕大数据的使用，形成数据
采集→数据预处理→数据存储和管理→数据分析和价值挖掘→数据
应用展示等一整套数据处理流程。数据的处理流程一般用流程理论
进行描述，分为数据收集、数据存储和数据使用等阶段。在进行以
大数据为基础的管理信息系统（Management Information System,
MIS）设计时，数据流程图（Data Flow Diagram）是用来表述数据
在系统内流转、分析和变化的逻辑过程图。简单来说，一个基本的
MIS 系统数据流程包括数据录入、数据库管理、系统展示等环节和
步骤，根据不同的数据类型和应用场景，可在该基础上进行数据流
程环节的增减调整。关于大数据处理流程的研究和应用，随着信息
技术的进步，目前相对比较成熟。如周傲英、金澈清、王国仁等对

不确定性数据管理进行了研究，提出了不确定性数据管理流程（见图4-1），首先是模型定义，定义与应用场景相匹配的数据模型，并在此基础上对数据进行预处理与集成，通过预处理与集成解决原始数据结构不一致、模式不匹配、查询语义不确定等问题。然后将预处理与集成的数据进行存储与索引，通过关系查询操作、数据世系、XML处理、流数据查询、Ranking查询、Skyline查询、OLAP分析、数据挖掘等技术手段和分析工具进行查询分析处理，最终输出查询结果供不同场景使用①。中国人民大学网络与移动数据管理实验室（WAMDM）开发了Scholar Space数据库系统（http：//www.cdblp.cn），旨在建立一个"以人为本"、以作者为中心展示多学科中文文献的集成数据库系统。并且在此基础上提出了大数据处理流程，首先是对大量异构的结构化、半结构化和非结构化的数据源进行抽取和集成，提炼出关系和实体，通过模式、数据质量管理聚合为泛在关联的数据集合。其次利用相关合适的数据分析处理技术对数据进行分析处理。最后是数据解释，即通过可视化、数据世系、人机交互等技术对数据进行分析并发现知识和价值，进而向研究人员、企业和政府提供相应服务②。

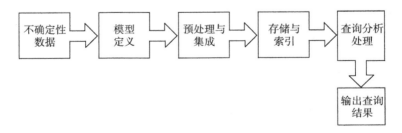

图4-1　不确定性数据管理流程

---

① 周傲英、金澈清、王国仁等：《不确定性数据管理技术研究综述》，《计算机学报》2009年第1期。

② 转引自郭雷风《面向农业领域的大数据关键技术研究》，博士学位论文，中国农业科学院，2016年。

　　海洋经济大数据的处理流程，同样适用于流程理论。为了从海洋经济大数据中获取更多的数据价值，必须借助一套完整的技术和工具，对海洋经济大数据进行分析处理，帮助数据拥有者将海洋经济产生的或者影响海洋经济的结构化、半结构化和非结构化数据整合起来，通过大数据的采集、管理和分析等技术和工具，进行数据的共享和使用，实现数据价值。结合大数据处理相关流程，海洋经济大数据的流程也应该包括海洋经济大数据的采集、预处理、管理、处理、输出等不同阶段，同时不同阶段的支撑或应用技术和工具也有所不同（见图4-2）。海洋经济大数据采集阶段，主要是各类监测和采集仪器和设备的应用，包括扫描仪和各类终端等，以数据信息的采集和输入为主；海洋经济大数据预处理阶段，面临的是数据的标准化、数据去噪、数据分类等课题，主要是通过制定标准和设计算法来完成；海洋经济大数据管理阶段，包括数据的存储和流转，必须依靠和应用现有的大数据处理软件和系统等完成，相对比较成熟的有 NoSQL 等数据库产品；海洋经济大数据处理阶段，是海洋经济大数据主要的分析和处理阶段，需要针对具体的使用场景和人员，设计不同的处理平台，以统计分析、分布式处理、相关性分析等不同的技术进行支撑，满足研究人员、政府和企业等不同层次不同类别的人员使用；海洋经济大数据输出阶段，则是根据不同的应用或需求，通过设计不同的输出程序模型获得不同的分析结果和应用输出。

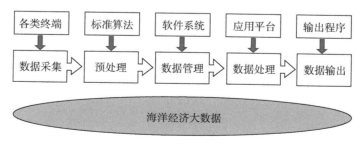

图4-2　海洋经济大数据流程

　　海洋经济大数据的采集，包含大数据的收集和传输两个过程。随着人类开发和探索海洋行为的深入，各类电子和信息技术快速发展，专业面向海洋领域的数据采集感知设备和传输网络日益增多，各类传感器、移动终端、射频识别（RFID，Radio Frequency Identification）等设备和技术的广泛推广和应用，各类结构化和弱结构化的、半结构化和非结构化的，包括数字、图片、视频和音频等海洋经济大数据不断产生并被采集。海洋经济大数据的传输主要指两个方面，一方面是设备和技术的发展进步，传输的效率越来越高，时效性大大增强。另一方面，随着大数据的开放与应用，人们对于海洋经济大数据的重视程度日益提高，由政府或机构出面进行的海洋经济大数据采集活动日益频繁，为了避免重复采集以及数据汇总的需要，对于数据传输的范围和频次也提出了更高的要求。

　　海洋大数据的预处理，主要是为下一步的数据使用做准备。海洋经济涉及的范围广、种类繁多，采集的海洋经济大数据中往往存在大量杂乱、重复和不完整的数据，会严重影响大数据的后期处理和分析，有的甚至会导致结果偏差而造成决策失误，因此，海洋经济大数据的预处理非常重要。有研究表明，在一个完整的数据挖掘过程中，数据预处理所花费的时间和精力比例高达60%。大数据预处理的方式主要包括对采集的大数据进行清理、抽取、集成、转变、评估等。海洋经济大数据的预处理过程同样如此，重点对源数据中的噪声数据、无关数据、遗漏或重复数据、脏数据（指源系统中的数据不在给定的范围内或对于实际业务毫无意义，或是数据格式非法，以及在源系统中存在不规范的编码和含糊的业务逻辑①）等。而为了解决源数据中的数据结构不一、类型多样的问题，可以对大数据进行归一化表述和一致性处理，归一化简单来说就是无量

---

　　① 陈方兵、汤湘林：《人工智能在技工院校学生学习危机预警方面的研究与应用》，《职业》2022 年第 6 期。

纲化，主要是为了消除不同特征量纲的差异，一致性可以理解为寻找分布系统中多个节点中具有一致的值的数据，即基本特征或特征相同、其他特征或特征相似的数据，并进行归类以方便后期处理和分析。

海洋经济大数据的管理，主要是指以数据库技术、分布式文件系统技术等为基础的大数据的组织和存储，以实现高效的查询和快速的索引目的。数据库技术通过组织、存储和处理数据来辅助计算机管理数据，是计算机信息系统中的核心技术，较为常见的有MySQL、NoSQL、Oracle 等。数据库的发展经历三个阶段，第一个阶段是人工管理阶段，在计算机技术发展的早期或者单机处理简单的数据，面对的数据量小且独立，可以由用户直接管理；第二个阶段是文件系统阶段，随着计算机技术的进步和操作系统的发展，使用文件进行数据的存取管理，具有较高的冗余度和管理维护难度；第三个阶段则是数据库系统阶段，面对日益增多的数据，需要架设专门的数据库软件系统来存储和管理数据，其特点是高效方便，具有较高的共享性同时又易于维护。这三个阶段又分别对应不同的数据库技术：层次和网状数据库管理系统即以线型来表示数据之间的联系，关系数据库管理系统（RDBMS）即以二维关系来表示和维护数据之间的联系，以及新一代数据库技术。新一代数据库技术主要是针对关系型数据库在管理海量数据时存在的模型性能、扩展性和伸缩性不够的缺点，研究和开发的面向对象的数据库技术（OR-DBMS）和非结构化数据库技术（NoSQL），如开源关系型数据库（PostGreSQL）、键值数据库（Redis）、列存数据库（HBase）、文档数据库（MongoDB）、图形数据库（Neo4J）。随着计算机技术的进步和现实发展需要，近年来又出现了一种被称为 NewSQL 的新型数据库管理系统，不仅具有 NoSQL 对海量数据的存储管理能力，还保持了传统数据库支持 ACID（即原子性，Atomicity；一致性，Consisitency；隔离性，Isolation；持久性，Durabilily）属性和 SQL

结构化查询等特性①。如：TiDB 开源分布式关系型数据库，同时支持在线事务处理与在线分析处理（Hybrid Transactional and Analytical Processing，HTAP）的融合型分布式数据库系统。面对数据量级庞大、种类繁多、结构各异的海洋经济大数据，将更多地需要以新一代数据库技术为主，尤其是 NewSQL 数据库技术。海洋经济大数据的管理除了科学存储和高效索引查询外，还需要防止数据库系统及其数据遭受泄露、篡改和破坏的安全技术。

海洋经济大数据的处理与输出，主要是指挖掘大数据的使用价值并加以应用。人们对于大数据的重视其根本原因在于其中所蕴含的宝贵价值，这也是我们采集、存储和处理大数据的驱动力。大数据时代的数据处理与传统的数据处理理念有所不同，简单地可以概括为全体样本代替抽样样本、数据效率和时效高于数据精确度、数据相关性分析优于数据因果性分析，这对传统的数据处理模式提出了新的调整。海洋经济大数据的处理，也是以海量的静态数据和物联网动态数据为主，将更多地以在线、实时的方式来处理。这个过程中主要应用的是数据挖掘技术。数据挖掘（Data Mining）是将数据转成知识的过程。数据挖掘通常与计算机科学有关，并通过统计、在线分析处理、情报检索、机器学习、专家系统（依靠过去的经验法则）和模式识别等诸多方法来实现上述目标②。通过分析处理，发现大数据中的隐藏范式、未知关联、市场趋势和经济规律等使用价值并加以输出使用，是海洋经济大数据研究分析的目标和终点。海洋经济大数据的研究与应用，必将有效提升海洋综合管理能力、加快海洋产业现代化进程、促进海洋生态系统的可持续发展，在科学决策、产业发展、生态环境保护、污染防治、科学研究和信息惠民等领域，提供有力的数据支撑。

---

① 杨刚、杨凯：《大数据关键处理技术综述》，《计算机与数字工程》2016 年第 4 期。
② 刘宇等主编：《中国网络文化发展二十年（1994—2014）·网络技术编》，湖南大学出版社 2014 年版，第 26 页。

第五节 海洋经济大数据标准体系

海洋经济大数据的研究和应用，标准体系的建设十分重要，如果缺少标准规范，在采集、存储、利用、交换过程中就会出现各种各样的问题，进而影响海洋经济大数据的应用价值。标准一般是指对于重复性的概念所做的统一规定，作为大家共同遵守的准则和依据，是人们共享合作的前提。在此基础上，对一定范围内的标准按其内在联系形成的科学有机整体，就被称为标准体系。2015 年 8 月 31 日，国务院印发了《促进大数据发展行动纲要》，明确提出，要推进大数据的产业标准体系建设，建立标准规范体系。在大数据标准体系制定方面主要由 ISO/IEC JTC1 SC32、国际电信联盟（ITU）以及全国信息技术标准化技术委员会（TC28）等组织推进。ISO/IEC JTC1 SC32 "数据管理和交换" 分技术委员会是与大数据关系最为密切的标准化组织，致力于研制信息系统环境内及之间的数据管理和交换标准，为跨行业领域协调数据管理能力提供技术性支持，由 WG1 电子业务、WG2 元数据、WG3 数据库语言、WG4SQL 多媒体和应用包 4 个研究组组成。2012 年 SC32 成立下一代分析和大数据研究组（SG Next Generation Analytics and Big Data）。2013 年 ISO/IEC JTC1 成立负责大数据国际标准化的大数据研究组（ISO/IEC JTC1 SG2）。2014 年，《大数据标准化白皮书》由中国电子技术标准化研究院发布，其中制定包括基础标准、处理标准、安全标准等 6 项在内的大数据标准体系[①]。

海洋经济大数据标准的制定，一方面要符合大数据相关标准体

---

① 郭雷风：《面向农业领域的大数据关键技术研究》，博士学位论文，中国农业科学院，2016 年。

系，另一方面也要与海洋经济统计相关标准体系相对应。2021年12月，随着海洋经济的发展已成为国民经济的重要增长点，海洋新兴产业和新业态不断涌现，现行标准已经不能满足海洋经济发展需要，且国民经济行业分类也进行了新一轮的修订。为了满足海洋经济发展需要并能够与国家数据统一标准实现有效共享，国家海洋信息中心编制了修订版《海洋及相关产业分类》（GB/T 20794—2021）。2021年12月31日，国家市场监督管理总局（国家标准化管理委员会）批准并公布了530项推荐性国家标准和2项国家标准修改单，其中就包含了由国家海洋信息中心负责起草的《海洋及相关产业分类》（GB/T 20794—2021），该标准于2022年7月1日起正式实施。为了更好地服务海洋强国战略，规范海洋及相关产业分类标准，该标准将海洋经济划分为海洋产业、海洋科研教育、海洋公共管理服务、海洋上游产业、海洋下游产业5个产业类别，下分28个产业大类、121个产业中类、362个产业小类。

参考大数据标准、海洋及相关产业分类标准，海洋经济大数据标准体系制定需要符合以下原则。一是开放性原则。海洋经济大数据标准体系设计应在充分考虑现有国际、国家相关标准的基础上，在分类、术语、存储、格式、编码等方面遵照或采用现有的相关行业标准，能够与海洋经济统计核算相关制度相匹配，能够与海洋经济调查、统计、核算、评估等方面工作无缝对接，最终实现服务海洋经济高质量发展。二是系统化原则。海洋经济大数据标准体系的制定，必须定位明确、结构分明，各个分标准、子标准项目都要符合海洋经济大数据整体标准体系的逻辑，实现各类别、各层级、各项目之间的互相补充和完善。三是可扩展性。无论是大数据理念和技术还是海洋经济发展相关理论和研究，都是在不断发展进步的，尤其是还有海洋经济大数据的研究和应用相关理论，尚处在不断发展过程中，海洋经济大数据标准体系也需要考虑未来计算机信息技术和海洋经济研究发展趋势，在制定标准体系过程中将前瞻性和开放性作为重要因素予以考虑，使其能够满足或适应未来海洋经济大数据的发展变化。四是应用性原则。海洋经济大数据标准体系的制定，其目的是更好地研究和应用海洋经济大数据，因此应用性也是标准体系制定过程中需要着重考虑的因素。

根据以上原则，制定海洋经济大数据标准体系（见图 4-3）。基础标准，是海洋经济大数据标准体系的基础，具有基础性和指导性作用，包括总则和相关术语。技术标准，主要是围绕海洋经济大数据处理流程进行设计，与各处理流程相对应分为海洋经济大数据采集、预处理、管理、分析和输出等技术标准，技术标准还需与大数据技术相关标准进行对接，对每一项标准根据需要还可以进一步细分。海洋综合管理大数据标准，主要结合海洋综合管理相关内容制定标准，分为海域使用和评估管理大数据标准、海岸带综合管理大数据标准、海洋权益管理大数据标准、海洋环境管理大数据标准、海洋政策法规大数据标准、海洋综合执法大数据标准等，每一项内容根据需要，可以进行补充和细分。海洋产业大数据标准，主要以 2022 年 7 月 1 日起实施的《海洋及相关产业分类》为依据，对应海洋渔业、海洋水产品加工业、沿海滩涂种植业、海洋油气业、海洋船舶工业、海洋矿业、海洋盐业、海洋工程装备制造业、海洋化工业、海洋药物和生物制品业、海洋工程建筑业、海洋电力业、海水淡化与综合利用业、海洋交通运输业和海洋旅游业 15 个海洋产业，制定相应的产业大数据标准。同时制定与海洋产业发展相关的海洋科技大数据标准、海洋产业链大数据标准和海洋产业规划大数据标准等体系，力求将海洋产业大数据相关内容全覆盖，同时也可以根据各产业内容的不同而进行适当的增减调整。海洋生态系统大数据标准，根据海洋生态系统相关内容，主要选取了海洋生态资源大数据标准和海洋生态环境大数据标准，包括海洋空间资源、生物资源和非生物资源、海洋生态环境等影响或限制海洋经济发展的资源因素制定相应的大数据标准。海洋大数据专题标准，主

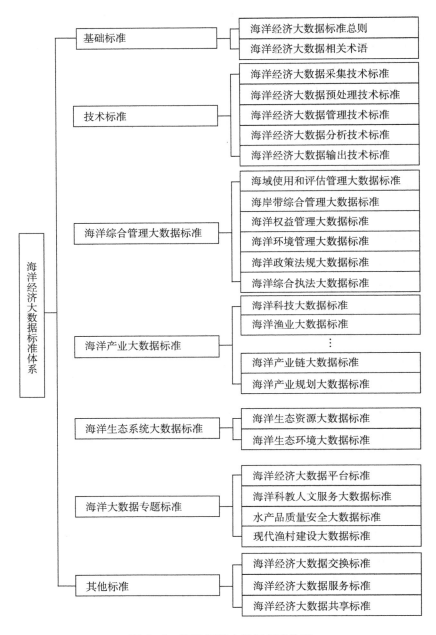

图 4-3　海洋经济大数据标准体系

要是围绕海洋经济大数据的特点，选取了海洋经济大数据平台标准、海洋科教人文服务大数据标准、水产品质量安全大数据标准以及现代渔村建设大数据标准等内容，同样在未来的研究和应用中可以根据需求和发展形势进行相应的增减调整。其他标准，则是针对海洋经济大数据交换、服务、共享等设计，也可以根据需求进行相应的扩展。

第六节 海洋经济大数据应用展望

随着海洋强国战略的深入实施，在全面建成小康社会后，为实现中华民族伟大复兴，对海洋高质量发展和海洋产业现代化提出了更高的要求。大数据目前的应用已不仅仅限于为科学决策提供数据支撑，而是贯穿海洋综合管理和海洋产业发展的始终，对海洋生态系统的维护也具有不可忽视的作用。

一 海洋经济大数据应用前景

首先，利用海洋经济大数据可以为海洋经济形势分析提供基础服务。经济形势分析是大数据服务的重要板块，在分析处理大数据的基础上，通过图、表、主题报告等方式和形式，利用大数据可视化技术，对经济形势进行详细分析，展现经济运行态势和趋势，进而提供经济形势分析、数据查询、主题报告等功能，为海洋综合管理提供科学准确且具有前瞻性的分析预测。数据信息收集是宏观决策的基础，数据信息管理是宏观决策的关键，规范的程序是宏观决策的保障[1]。通过建立海洋经济大数据指标体系，涵盖经济综合管

---

① 李国杰、程学旗：《大数据研究：未来科技及经济社会发展的重大战略领域——大数据的研究现状与科学思考》，《中国科学院院刊》2012年第6期。

理、海洋产业的一、二、三产，投资和消费，资源使用和评估，区域和产业发展规划，科学和文化等不同主题，以全样本的方式提供海洋经济大数据指标关联分析、异动分析、预测分析等结果，既充分调取分析各个主题和各个指标资源的数据点，又通过大数据分析提取技术实现各个指标资源所建立的不同数据面的联合分析，从点到面，全方位挖掘海洋经济大数据间的相关性，更加深入直观地解读和预测海洋经济形势，为海洋经济高质量发展提供服务。

其次，海洋经济大数据可以为海洋产业结构调整提供数据支撑，促进海洋产业现代化进程。基于大数据视角和思维下的海洋产业结构调整，其全产业和全时空的全样本数据，以及相互关联充分共享的特点，将改变过去抽样数据带来的角度单一、视野狭窄的状况。同时海洋经济大数据的实时性，又能够为海洋产业调整提供实时的反馈和评估。在对海洋产业提供整体认知的基础上，结合海洋产业相关上下游产业发展链条以及沿海地区经济社会发展需求，能够对海洋产业经济信息进行科学分析，实现对海洋产业结构的优化调整和实时监控反馈，使得产业调整行为成为具备微调性、连续性和可控性特点的科学决策行为。同时，通过海洋经济大数据的共享使用，其先进的数据分析技术也将帮助涉海企业更好地理解和控制其生产过程的复杂性，通过海洋经济大数据将相关产品的设计和采购、测试和中试、生产和分销、销售和使用等整个产品生命周期的每个阶段连接起来，融入海洋产业现代化进程之中，使得企业能够参与整个海洋产业发展过程，提高资源利用率，降低企业管理成本，从而获得生产力的提高、产品质量的提升和企业成本的降低。最终实现以市场和企业为主体的现代化海洋产业体系的构建。

最后，海洋经济大数据还可以为海洋产业布局提供数据依据和科学支撑。大数据的可视化和关联性分析，是大数据应用的重要方面。海洋产业布局不仅受沿海地区经济社会发展状况的影响，更受沿海地区经济社会各个层面产业布局的影响。海洋经济大数据能够综合分析沿海各地区经济社会发展历史沿革、现状和趋势、产业特征、人文地理，以及海域使用现状、海洋生态系统、海洋环境等影响海洋产业布局的各个因素，通过关联性分析和可行性预测，为沿海地区海洋产业布局提供直观表示和科学依据。

二　海洋经济大数据应用路径

海洋经济大数据的应用，首先离不开信息技术的发展，但是缺乏大数据理念和思维的指导，长期受"小数据"、抽样数据的限制，许多先进的数据采集、数据库和数据分析挖掘技术并未在海洋经济大数据领域展开应用。即使海洋经济统计，也仍停留在"小数据"时代，没有完全实现向全样本大数据时代的过渡。加快海洋经济大数据的研究，大力发展海洋经济大数据，对于中国"智慧海洋"建设、推动海洋经济高质量发展、促进海洋产现代化进程、加快信息技术在海洋经济领域的应用、助力海洋强国战略的实施、实现海洋经济的可持续发展，具有重大的意义。

以现有数据为起点，推动海洋经济大数据发展。在开发和利用海洋资源的过程中，尤其是历次的海洋经济统计工作和海洋综合调查工作，已经积累了丰富的海洋经济数据。虽然还未达到一般意义上的大数据规模级别，或者并没有进行大数据的相关开发和应用，但是大数据应用首先是对数据的处理和应用，现有的数据资源不仅为进一步发展大数据提供了良好的基础，还能够为海洋经济大数据的应用提供对比。在大数据理念加持和分析技术处理下，通过激活存量数据的价值，创新性地提供各类数据服务，可以成为海洋经济大数据应用发展的起点和试点。

与经济统计相结合，支撑海洋经济大数据发展。现行的海洋经济相关统计，已经形成了良好的运作机制和理论体系，通过与海洋经济统计相结合，能够快速获取海量的海洋经济大数据，形成数据规模，在此基础上进行数据的深度挖掘和分析，指导产业发展，发挥大数据价值，能够形成良性循环进而支撑海洋经济大数据的发展。

以信息技术为依托，引领海洋经济大数据发展。信息技术是推动大数据不断发展的重要支撑，当前在大数据应用领域，数据可视化、数据社会网络分析、流式数据处理等信息技术在其他行业和领域已经有了良好的发展和应用，并得到了社会的广泛认可。在海洋经济大数据领域，选择一种或者几种大数据技术，围绕信息技术进行海洋经济大数据的采集、存储、管理、分析和应用，在局部沿海地区探索示范性应用，进而形成可推广的海洋经济大数据应用典型。

以产业需求为导向，促进海洋经济大数据发展。大数据在解决各类问题时提供了新的思路和方法，尤其是在经济发展方面。海洋经济近年来发展迅猛，但也面临资源枯竭、环境污染、产业规模小、集聚效应弱等各种问题，成为海洋经济高质量发展的阻碍。海洋经济大数据的应用，应以海洋经济高质量发展过程中出现的各类问题为导向，以解决问题为目标，优先开展海洋经济大数据的专题应用，聚焦如智慧海洋牧场、海洋产业链拓展、水产品安全、海洋生物资源衰退、海洋环境污染等，切实有效地发挥大数据的作用。

三 海洋经济大数据的发展展望

海洋经济大数据的价值应用方面，包括但并不局限于以下领域，如智慧海洋牧场管理、海洋环境遥感、海洋生物基因、海岸带综合管理、水产品质量追溯、渔村及渔业安全生产综合信息服务等。通过海洋经济大数据的研究与应用，可以构建信息支撑下的海洋综合管理、水产品安全前提下的蓝色粮仓、生态环境友好背景下的可持续发展海洋现代化产业等海洋经济高质量发展体系。具体而言主要包括以下五个方面。一是促进海洋综合管理高效化。海洋综合管理需要政府各部门互相协调以及相关利益者的参与，包括企业界、行业协会、涉海从业者以及科学研究人员等，尽管近年来沿海国家和地区都在探索海洋综合管理的制度创新，但是利益相关方参与海洋综合管理的模式和制度并没有统一或公认的高效合理的范式。海洋经济大数据的应用，可以为海洋综合管理提供基于数据共享模式下的沟通和合作。海洋经济大数据将不仅作为各方都需要的资源来使用，在数据共享流转过程中，还更多地需要建立更加紧密和畅通的协调机制，进而在一定程度上能够促进海洋综合管理的高效化。二是促进海洋产业现代化。海洋信息化是海洋产业现代化的重要内容，而海洋经济大数据既是海洋信息化的产品，也是海洋信息化的重要资源。随着海洋经济大数据的应用普及，也会带来相关海洋信息和产业技术的创新发展和应用。同时，在全样本数据的支撑下，海洋产业现代化进程也会实现飞跃式发展。三是促进海洋产品生产智能化。大数据最先开始应用的领域就是商业领域，包括产品设计生产和交易过程。海洋经济大数据的应用推广和普及，将作为企业创新生产方式的重要内容。在倡导智能化、个性化、定制化生产的时代，在利益的驱使下，涉海企业也将成为海洋经济大数据应用的"急先锋"。然而海洋经济大数据的采集和处理分析等前期投入并不是一般的中小企业所能承受的，这是海洋经济大数据应用研究过程中需要注意的，加快海洋经济大数据共享和交易、流转机制的建设，避免海洋经济大数据成为"商业巨头"垄断资源，积极探索鼓励涉海中小企业大数据的使用机制。四是促进涉海服务智慧化。服务社会、惠及民生应该是经济发展的主要目标，数字惠民服务应用也是大数据的重要应用场景之一。无论是政府通过公权力采集的海洋经济大数据，还是产业发展和企业本身产生的海洋经济大数据，都具有一定的公共产品属性，可充分发挥海洋经济大数据的惠民利民作用。打造智慧渔村，助力渔业技术推广，实现安全生产，为沿海居民提供涉海服务等，都是海洋经济大数据应用的重要场景。五是促进海洋科研创新化。海洋经济产业研究离不开数据支撑，海洋经济大数据的应用，不仅会改变海洋经济统计的相关模式，也势必会提升海洋经济产业研究的深度和广度，提升海洋科研的创新能力。

第五章　海洋综合管理大数据

　　海洋资源开发和海洋空间利用等海洋经济活动在未来全球经济和社会发展面临的挑战方面具有重要意义。然而海洋经济活动也带来了超过海洋环境能够承载的压力，比如海洋污染的加剧和全球化趋势、生物资源的过度开发造成的枯竭、海岸带及生物栖息地的不可逆性破坏等。这些压力形成的原因很多，如因技术和知识的缺乏而导致粗放型发展和破坏型产业活动；缺乏有效的管理手段，等等。为了实现更加科学更加高效的海洋综合管理，经济分析、计量评估、监测监管等经济手段越来越多地应用其中并愈发引起管理层面的关注。海洋综合管理大数据的收集、管理和分析集成，在推动改进海洋综合管理结构、重塑海洋治理程序、协调海洋相关利益者参与的过程中，具有十分重要的意义。

　　海洋综合管理大数据，通常是指常规的海洋管理部门、海岸带综合管理部门以及其他社会经济管理部门中涉海的部分业务数据，中国涉及海洋管理的部门有自然资源部、交通运输部、农业农村部、国家发展和改革委员会等部委，不同的部门管理权限和职责均不相同（见表5－1），所产生的海洋综合管理大数据的内容、存储方式等差异较大。显著的差异性只是海洋综合管理大数据使用上的障碍之一，不同部门间、业务间数据的互联互通和统筹集成，也限制了海洋综合管理大数据的广泛应用。探索海洋综合管理，可以从大数据综合集成和流转应用开始。海洋综合管理大数据，从海洋管理业务上可以大体划分为海域使用管理大数据、海洋环境管理大数据、海岸带综合管理大数据。

表 5−1　　　　　　中国主要涉海管理部门及职责

涉海管理部门	主要涉海管理职责	法律法规
自然资源部国家海洋局	拟定海洋基本法律、法规和政策；承担海洋经济与社会发展的统计工作；监督管理海域使用；主管海洋环境保护工作；监督管理涉外海洋科学调查研究活动，组织海洋基础与综合调查、海洋重大科技攻关和高新技术研究等	国务院各部门三定方案，海洋环境保护法，海域使用法等
交通运输部国家海事局	国家水上安全监督和防止船舶污染、船舶及海上设施检验、航海保障管理和行政执法等	海上交通安全法、船舶登记章程、海商法等
农业农村部渔业局	渔业行业管理，渔政、渔港和渔船检验监督管理，渔船、船员、渔业许可和渔业电信管理等	渔业法、禁渔区和休渔期命令等
中国海关	海关监管、进出口关税及其他税费征收管理、查缉各类走私案件等	海关法等
中国海军	海洋领土保卫、护渔、护航等	—
公安部边防管理局海警部队	维护海上治安，打击海上违法犯罪活动，缉私、反偷渡等	—
生态环境部	海洋生态环境保护、海岸工程审批等	—
水利部	水资源综合利用与保护、海岸滩涂治理和开发等	海洋环境保护法等
文化和旅游部	滨海旅游管理	
国家发展和改革委员会	海上石油开发利用	
能源局	海上风电、潮汐能等海洋能源开发与利用管理	
气象局	海洋气象服务管理	
工业和信息化部	海盐开发管理	
教育部	海洋高等教育	

第一节　海域使用管理大数据

根据中国 2002 年 1 月 1 日起施行的《中华人民共和国海域使用管理法》，海域使用是指在中国内水、领海持续使用特定海域三个月以上的排他性用海活动。国家海洋局于 2008 年制定了《海域使用分类体系》，并修订了《海籍调查规范》，对海域使用的分类原则、类型和用海方式进行了规范，采用两级分类体系将海域使用类型分为渔业用海、工业用海、交通运输用海、旅游娱乐用海、海底工程用海、排污倾倒用海、造地工程用海、特殊用海和其他用海 9 个一级类，以及 31 个二级类（见表 5 - 2）。

表 5 - 2　　　　　　　　海域使用类型名称和编码

一级类		二级类	
编码	名称	编码	名称
1	渔业用海	11	渔业基础设施用海
		12	围海养殖用海
		13	开放式养殖用海
		14	人工鱼礁用海
2	工业用海	21	盐业用海
		22	固体矿产开采用海
		23	油气开采用海
		24	船舶工业用海
		25	电力工业用海
		26	海水综合利用用海
		27	其他工业用海
3	交通运输用海	31	港口用海
		32	航道用海
		33	锚地用海
		34	路桥用海

续表

一级类		二级类	
编码	名称	编码	名称
4	旅游娱乐用海	41	旅游基础设施用海
		42	浴场用海
		43	游乐场用海
5	海底工程用海	51	电缆管道用海
		52	海底隧道用海
		53	海底场馆用海
6	排污倾倒用海	61	污水达标排放用海
		62	倾倒区用海
7	造地工程用海	71	城镇建设填海造地用海
		72	农业填海造地用海
		73	废弃物处置填海造地用海
8	特殊用海	81	科研教学用海
		82	军事用海
		83	海洋保护区用海
		84	海岸防护工程用海
9	其他用海	91	其他用海

资料来源：《海域使用分类体系》，国家海洋局，2008年5月。

海域使用管理是指相关部门为了确保海域使用的合法性和科学性，以及为了海洋开发与保护而采取的海域使用管理控制手段和行为。海域所有权均属于国家，由国务院代表国家行使和管辖海域所有权，单位和个人要对海域进行使用，首先必须依法取得海域使用权，向县级以上人民政府海域行政主管部门申请，根据不同规模和层次的用海项目，由国务院及省、自治区、直辖市政府相关部门进行审批。按照不同的海域使用类型，其最高期限国家也做了相应的规定。海域使用管理的主要内容包括三个方面。一是海域使用相关法律法规的制定，一般由全国及省级人民代表大会制定或解释相应的全国及地方性的海域使用管理法律法规。二是海洋功能区划和海域使用规划的制定，一般由国务院海洋行政主管部门以及各沿海省份县级以上地方政府组织编制全国以及地方的海洋功能区划，并负责监督海洋功能区划的执行情况以及用海项目的审批和执行情况，内容包括海域使用类型的界定、各方利益的协调、海域使用项目的服务等，还包括海域使用论证和项目监督。三是海洋主管部门和渔业主管部门、各产业相关部门对其管理的海洋产业海域使用的监督与管理。海域使用管理大数据则主要包括海域使用管理法规和技术规范、海洋功能区划大数据、海域使用规划大数据、海域使用现状调查大数据、海域使用管理大数据和海域使用统计与评价大数据等。

一　海域使用管理法规和技术规范

为了促进中国海洋管理事业的健康发展，2001 年 10 月 27 日，第九届全国人大常委会第二十四次会议审议通过了《中华人民共和国海域使用管理法》，该法规自 2002 年 1 月 1 日起施行，确立了中国海域使用管理的三项基本制度，即海域权属管理制度、海洋功能区划制度和海域有偿使用制度，实现了对传统海洋管理理论的历史性突破。为了进一步细化海域使用相关程序，国家海洋局相继出台了《海洋功能区划管理规定》《海域使用权管理规定》《关于进一步规范海域使用项目审批工作的意见》《海域使用管理违法违纪行为处分规定》等多个法规，以及《海域使用分类》《海域使用论证技术导则》《海域使用权登记办法》《海域使用权证书管理办法》《海籍调查规范》等多个技术规范。这一系列的法规和技术规范，主要针对海洋功能区划、海域使用权审批、使用证书和海域使用赔偿金管理等进行了细化，涉及海域使用的规划论证、审批管理、转让抵押等程序，使得中国海域使用管理更加标准和规范。2012 年 12 月 28 日，国家海洋局下发的《关于全面实施以市场化方式出让海砂开采海域使用权的通知》标志着中国海砂开采全面进入市场化配置阶段，全面实施以市场化方式出让海砂开采海域使用权，也标志着中国海域资源市场化工作迈出了坚实的一步，有利于下一步探索全面深化海域资源市场化配置工作。在 2019 年 12 月 17 日自然资源部印发的《关于实施海砂采矿权和海域使用权"两权合一"招拍挂出让的通知》，则进一步切实解决了海砂采矿权和海域使用权"两权"出让过程中存在的不衔接、不便民等问题，精减和优化了"两权"出让环节和办事流程，充分发挥市场在自然资源配置中的决定性作用。2009 年 12 月 26 日，第十一届全国人民代表大会常务委员会第十二次会议审议通过的《中华人民共和国海岛保护法》，以及 2016 年 12 月 26 日国家海洋局印发的《无居民海岛开发利用审批办法》，将中国海岛的保护和管理工作纳入法治轨道。除此之外，各沿海省份及县级政府与涉海部门按照海域使用管理权限，还出台了相应的海域使用管理细则，如《广东省海域使用管理条例》《江苏省海域使用管理条例》《天津市海域使用管理条例》等，为中国海域使用管理的立体化、法治化和标准程序化构建了较为齐全的海域使用管理法规和技术规范。

二　海洋功能区划大数据

海洋功能区划是海洋管理的重要环节，在某种程度上可以说是海洋管理的基础。海洋功能区划是根据海区、海域以及沿海陆域的地理位置、自然资源状况、自然环境条件和社会经济发展现状和特征等因素，为了妥善缓解海洋资源开发利用和资源承载力、海洋产业发展和海洋环境保护以及各类涉海行业之间的用海矛盾，制定的海洋功能分类和海域使用方式分类。海洋功能区划一般以海域功能区划图或者海域使用规划图的形式指导和约束海洋开发和利用等经济实践活动。海洋功能区划一般由相应的各级政府组织完成并监督实施。海洋功能区划产生的大数据主要包括区划依据数据和区划结果数据两大类。海洋功能区划的依据数据，既包括海洋功能区划的指导思想、基本原则和主要目标等描述性数据，还包括海洋资源、海域使用和管理、污染现状和环境保护、当前社会经济发展形势等海洋开发与保护现状数据，以及海域利用现状调查统计和功能区划实施评价等海洋功能区划统计和评估数据。海洋功能区划的结果数据，主要是指海洋功能区划的空间使用分区和规划，以及海洋功能分区的一级和二级用海功能说明、用海功能开发相应的环境配套要求和实施保障措施等数据。

三　海域使用规划大数据

海域使用规划是以海域功能区划为蓝本，一般由海域所在的地方政府部门按照科学配置海域资源和绿色可持续发展的原则，对海域资源的开发与利用，以及海洋生态环境的治理与保护进行的统一规划。具体而言，海域使用规划是指在一定的海域，由沿海各地市县等各级地方政府，根据国家和省级社会经济发展的要求，结合当地自然、资源、经济和社会以及辖区海域自然和资源等条件，对海域资源的开发、利用、治理和保护在空间上、时间上所做的科学设计和规划安排，是地方各级政府调控海域空间资源、促进海洋资源的科学合理开发和海洋经济的高质量发展的重要手段[1]，规划期一般为 5 年。

海域使用规划的大数据主要为规划依据和规划结果两大类。海域使用规划的依据数据，包括规划指导思想、基本原则和主要目标、规划范围和时限等内容，还包括各海域使用功能区的海洋自然

---

[1]　吴晓青、王德、都晓岩等：《我国县级海域使用规划理论技术框架探讨》，《海洋开发与管理》2015 年第 2 期。

条件、资源禀赋、海域使用现状、海岸线开发利用现状、规划区域的社会和经济发展现状等基础状况的分析与评价，以及相应的海洋开发利用图、岸线利用图和经济发展现状图等各类图表。海域使用规划的结果数据，则包括海域使用的一级和二级分级体系、海域和岸线使用规划、产业空间布局等，以及相应的海洋生态环境保护措施、规划实施保障等数据。

四 海域使用现状调查大数据

海域使用现状的调查数据包括海域使用的动态监测数据、定期或不定期开展的海域使用现状调查数据。海域使用现状调查是中国对海域使用进行有效管理，防治海域使用"无序、无度、无偿"状态的重要管理手段，一般由国家及地方海域使用主管部门组织，利用卫星遥感、视频定点监测、动态监测仪、人力踏勘和无人机监测等手段，发现海域使用异常区，定位与核查各类举报，对用海类型、用海面积、大型工程的施工进展等海域使用现状进行监测及现场核查[1]，及时掌握项目进展施工程度、围填海、海域使用等各类用海信息，为海域使用规划和海洋产业规划的编制和实施提供依据。林同勇结合填海类型、规模和方式等，将海域使用动态地面监视监测涉及内容概括总结为六大类，即海域现状监视监测、施工动态监视监测、海洋功能区监视监测、用海权属监视监测、用海风险监视监测、管理对策监视监测等[2]。

海域使用现状调查往往需要投入大量的人力和物力，如国家"908"专项的海域使用现状调查，不仅调查了海域使用现状和海域

---

① 李静：《遥感技术在海域使用动态监测系统中的应用》，硕士学位论文，南京师范大学，2012年。

② 林同勇：《海域使用动态地面监视监测内容探析》，《海洋开发与管理》2014年第6期。

自然资源属性，相应沿海地区的社会经济发展状况也在调查之列，包括通过现场调查和评估得出的地区海洋产业产值、从业人数、海域使用价格等。近年来，沿海省（区市）政府部门根据海域使用监管的要求和需要，对所辖海域的使用现状持续调查跟踪，以及海域使用动态监测等，积累了大量的海域使用数据。

五 海域使用管理大数据

海域使用管理主要是指海域使用管理行政部门依托海域的自然资源与环境条件，根据区域经济和社会发展、保护海洋资源和海洋生态环境的需要，确保海域资源科学合理的利用，以海洋功能区划为依据，对相应辖区海域资源的使用和分配、整治和保护等用海行为及过程所进行的各类决策、组织、控制和监督等一系列管理工作的总称[①]。由于海域各项资源比如空间资源、环境容量、资源容量等具有十分有限的承载力，并且一旦被破坏或过度开发利用，其恢复周期漫长且需要大量的人力物力，甚至会影响人类的生存环境，因此，海域使用管理是一项十分细致和复杂的工作。为了更好地管理海域使用，合理分配和使用海洋这一人类新的生存发展空间和资源宝库，海域使用管理越来越受到沿海国家和地区的重视，建立了一系列调整海域使用的管理制度。解决好海域使用管理问题，不仅需要构建一套较完善的海域使用管理制度，还需要以立法的方式来确立和保障制度的运行。

由于中国海域属于国家所有，因此海域使用管理的行政主体部门是由国务院委托的各省（区市）、市及县级的海洋与渔业主管部门。海域使用管理的内容主要包括海域使用论证、审批和监管三个方面，以及海域使用权和使用金等。其中，海域使用论证是指对辖

---

① 陈莉莉：《完善我国海域使用管理制度的法律思考》，《管理观察》2009 年第 15 期。

区内各类用海活动，包括建设用海、填海造地、挖地造海等进行可行性论证。论证内容主要是海洋水文调查（包括海水温度、盐度、海流、海浪、潮汐、海冰等）及海域使用基础调查（包括辖区海域社会经济调查、自然资源条件调查、海洋自然灾害调查、海域环境质量调查、海洋资源状况调查、海域使用现状调查、海域使用利益相关者调查、海洋功能区划和规划调查等）。海域使用审批主要是对海域使用申请进行审核和确权，在此基础上进行登记、核发海域使用证书、确认海域使用权。海域使用监管则主要以动态监测为主，在海域调查数据的基础上，提取或提供海域使用变化信息，为海域使用管理及开发利用提供服务。海域使用权管理是指所辖海域的使用权价值评估、拍卖、出让、出租、抵押、补偿、入股和工商登记等使用权流转管理。海域使用金管理主要是征收海域使用金并对其进行管理。海域使用管理产生了大量的海域资源、功能、使用的数据，还包括各类使用权申请报告、审核报告、确权文档、年审报告、变更报告及使用金收取记录等，以及海域使用动态监管的数据，为研究分析所属辖区海域使用状况，服务沿海经济社会发展提供了大量的数据积累。

六　海域使用统计与评价大数据

《中华人民共和国海域使用管理法》中对海域使用统计进行了明确的规定，指出海域使用统计是国家针对海域面积、分布、使用状况和权属情况等内容，定期进行的调查、汇总、统计分析和提供统计数据、资料。国家海洋局于2009年2月27日发布了《海域使用统计管理暂行办法》，对海域使用统计的原则、统计报表形式、统计流程，以及国家海洋局和地方海洋行政主管部门在海域使用统计工作中的职责等进行了明确细分，有效地保障了海域使用统计工作的开展。海域使用统计属于专项统计，是指各级海洋行政主管部门对反映海域使用权属管理、海域有偿使用等情况的资料进行收集、整理和分析研究的活动。

海域使用评价一般采用特定的统计分析方法，包括总量指标分析法、相对指标分析法、平衡分析法、图示法、单因素及多因素分析方法，对海域的自然条件、数量、分布、权属、利用状况、动态变化情况进行调查及管理工作得到的原始数据进行研究和分析，其结果为海域使用管理决策提供依据。海域使用评价按照评价的内容主要分为海域使用现状评价、海洋功能区划评价、海洋经济评价、海域空间资源评价和海洋环境地质灾害评价五个方面①。

第二节　海洋环境管理大数据

海洋环境管理是公共管理的一部分，指包括海洋立法机关、海洋执法机关、海洋行政主管部门等国家海洋环境管理部门，综合运用行政、法律、教育、经济等手段，以实现科学合理开发海洋资源、防治海洋污染、保护海洋环境、维护海洋生态平衡、促进海洋经济可持续发展为目标，而行使管理职能进行的调节和控制活动②。19 世纪中叶以来，随着人类工业革命浪潮的兴起，产生了大规模的工业污染，排污入海一度是陆地处理污染物的重要手段之一，陆源污染物无限制的排放导致一些沿海地区的水域，尤其是港口和入海口水域相继出现污染。为此，一些沿海国家制定了一系列防治港口等水域污染的法规，但是早期的海洋环境管理大多仅限于控制和防治海洋污染。但是人类快速发展工业的同时，也大肆开展海洋开发，对渔业生物资源、海砂资源、海洋空间资源诸如港口和航道进

① 曹可、苗丰民、赵建华：《海域使用动态综合评价理论与技术方法探讨》，《海洋技术》2012 年第 2 期。
② 王琪、刘芳：《海洋环境管理：从管理到治理的变革》，《中国海洋大学学报》（社会科学版）2006 年第 4 期。

行掠夺式和野蛮式的过度开发，不仅将污染从陆地延伸到了海洋，对局部海域生态环境造成了毁灭性的打击，更是因为海洋的一体化等特点，使得海洋污染和生态平衡问题迅速从沿海地区蔓延全球。这些情况促使人们深刻地认识到，一方面海洋环境管理必须将保护海洋资源和控制海洋污染紧密结合起来，另一方面海洋环境管理不应再局限于某一地区和某一特定海域，而必须进行区域联合，乃至全球化的综合协调管理。

一 海洋环境管理大数据内容

海洋环境管理的具体内容包括海洋环境规划管理、海洋环境质量管理、海洋环境技术管理等①。①海洋环境规划管理主要是配合沿海地区的城市发展规划、港口规划、工业和农业发展规划、渔业发展规划、旅游开发规划等建设规划，制定控制污染、限制污染物入海排放、人口和工业及城市建设规模、沿岸及大洋水质控制等规划。②海洋环境质量管理则主要是制定、组织、监督和执行海洋环境质量标准和污染物排放标准，陆源污染物入海口、河口、近岸和近海水质监测。组织开展海洋环境污染现状调查，监测和监视海洋环境质量变化，评价海洋环境变化影响并预测海洋环境变化趋势。③海洋环境技术管理主要是研究和制定防治海洋环境污染的技术政策和措施，指导和确定海洋环境科学研究方向，组织海洋环境污染防治科学与技术的攻关，组织并开展海洋环境污染防治、海洋环境保护和生态环境恢复咨询服务、情报服务以及海洋环境科学技术的交流等。海洋环境管理大数据主要是指各层级相关部门在海洋环境管理实践中积累的大数据，包括国家和地方政府制定的涉海法律法

---

① 孙金波：《整体性：基于我国海洋环境管理的视角》，《温州大学学报》（社会科学版）2014年第3期。

规、管理办法、执行细则、海洋发展规划，以及海洋环境安全事件
的预防和准备、监测和预警、应急处置和救援、恢复和重建等。

二　海洋环境管理政策法规类大数据

党的十八大以来，为了深入贯彻落实"加快推进生态文明建
设"和"建设海洋强国"重大战略部署，发挥海洋生态环境保护
在国家海洋管理和惠及民生方面的重要作用，全国人大常委会于
2016 年 11 月 7 日通过了再次修订《中华人民共和国海洋环境保护
法》的决定。为了适应新时代新发展的要求，从三个方面对该法进
行了修改。一是确立了中国海洋环境保护的基本制度，即生态保护
红线制度和海洋生态补偿制度。这既是中国海洋事业现实发展的需
要，也是将污染防治转变为生态保护贯彻海洋生态环境保护理念的
需要，形成了海洋开发受益者付费、合理补偿保护者利益的运行机
制，是市场化机制应用在中国海洋环境管理方面的探索，为中国海
洋环境保护可持续发展提供了法律保障。二是首次以法律形式对海
洋主体功能区规划的地位和作用进行了明确规定。通过确立海洋主
体功能区规划的法律效力，保障规划的科学实施，对海洋开发活动
进行规划引导，使其与资源环境承载能力相适应、与海洋生态环境
保护相协调。三是加大了对海洋生态环境污染违法行为的处罚力
度。取消了原来发生海洋事故处罚金额 30 万元的上限，根据发展
需要修改为"根据事故等级分别处以事故直接损失百分之二十和百
分之三十的罚款"[①]，对环境违法行为的处罚不设上限，既体现了
中央用严格制度保护生态环境的精神，又符合经济社会发展现状。
四是随着《中华人民共和国海洋倾废管理条例》《防治船舶污染海

---

① 《全国人民代表大会常务委员会关于修改〈中华人民共和国海洋环境保护法〉的决
定》，中国人大网，http：//www. npc. gov. cn/npc/c12488/201611/8917f0d669f44d0595dfd18071
add68e. shtml，2016 年 11 月 7 日。

洋环境管理条例》《中华人民共和国防治海岸工程建设项目污染损害海洋环境管理条例》《海洋石油勘探开发化学消油剂使用规定》《疏浚物海洋倾倒分类和评价程序》的相继出台，初步形成了以《中华人民共和国海洋环境保护法》为主体，以防止海岸工程、海洋石油勘探开发、船舶排污、海洋倾废、陆源排污等污染海洋环境的6个管理条例为基础，部门和地方规章为补充的海洋环境保护法规体系[①]。五是于2006年11月1日起施行的《防治海洋工程建设项目污染损害海洋环境管理条例》（根据2017年3月1日《国务院关于修改和废止部分行政法规的决定》第一次修订，根据2018年3月19日《国务院关于修改和废止部分行政法规的决定》第二次修订），是《中华人民共和国海洋环境保护法》新修订后出台的首个配套条例。《条例》在认真总结海洋工程环境保护多年实践经验的基础上，遵循《中华人民共和国海洋环境保护法》和《中华人民共和国行政许可法》的规定，首次对"海洋工程"的概念、范畴进行了界定，明确规定由国家海洋行政主管部门负责全国海洋工程环境保护工作的监督管理，并完善了海洋工程建设前的环境影响评价制度，加强了对海洋工程建设、运行过程中污染损害的监管，明确了海洋工程运行后排污行为的监管，细化了海洋工程污染事故的预防和处理，设定了严格的法律责任，使贯彻落实海洋工程防治污染管理工作更加有法可依[②]。

三 海洋环境安全管理大数据

海洋环境安全管理主要是指常态下的日常安全管理和非常态下的风暴潮和台风等海洋动力灾害事件、浒苔和赤潮等海洋生态灾害

---

① 《我国海洋管理主要法律法规》，广西壮族自治区海洋局网站，www. hyj. gxzf. gov. cn，2020年10月16日。

② 《我国海洋管理主要法律法规》，广西壮族自治区海洋局网站，www. hyj. gxzf. gov. cn，2020年10月16日。

事件、溢油和船只碰撞等海上突发事件、权益争端等海洋权益安全事件等海上环境安全事件应对管理。海洋环境安全管理的内容包括海洋环境安全事件的预防准备、监测预警、应急救援和恢复重建四个阶段。海洋环境安全管理大数据则是指在海洋环境安全管理和突发事件处置过程中所采集、存储、管理和交换的多源异构的海量数据。石绥祥、杨锦坤、梁建峰等人从数据的采集渠道以及事件处理应急过程中数据的需求角度，将海洋环境安全管理大数据分为基础数据、承灾体数据、观/监测与预报数据、统计数据、应急保障资源数据和应急业务数据 6 大类 35 个中类（见图 5 - 1）①。

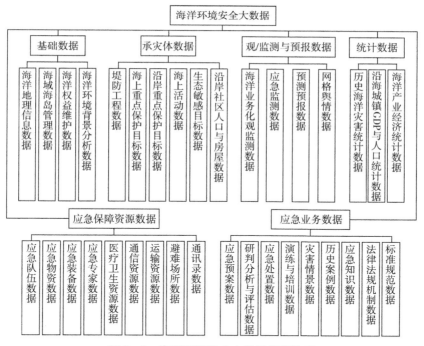

图 5 - 1　海洋环境安全大数据框架体系

资料来源：石绥祥、杨锦坤、梁建峰等《海洋大数据》，海洋出版社 2022 年版，第 250 页。

―――――――――――
① 石绥祥、杨锦坤、梁建峰、韩春花等：《海洋大数据》，海洋出版社 2022 年版，第 250 页。

第三节　海岸带综合管理大数据

　　海岸带是陆地系统和海洋系统的连接地带，是海岸线向陆地和海洋两侧扩展的一定宽度的带状区域，既包括陆地一部分区域也包括一部分近岸海域。然而海岸带的范围，至今尚无统一的界定，联合国在 2001 年将海岸带定义为"海洋与陆地的界面，向海洋延伸至大陆架的中间，在大陆方向包括所有受海洋因素影响的区域；具体边界为位于平均海深 50 米与潮流线以上 50 米之间的区域，或者自然海岸向大陆延伸 100 千米范围内的低地，包括珊瑚礁、高潮线与低潮线之间的区域、河口、滨海水产作业区，以及水草群落"[①]。全国海岸带和海涂资源综合调查规定：海岸带的宽度为离岸线向陆侧延伸 10 千米，向海到 15 米水深线。

　　海岸带是海洋与陆地的交界处，是地球两大动力系统相互作用、复合与交叉的地理单元，同时又是较海洋和陆地相对独立的环境体系，是资源与环境条件最为优越和地球表面活动最为活跃的自然区域，同时又易发各类自然灾害，与人类的生存与发展关系最为密切。海岸带是海洋经济发展的第一区域，具有复合性、边缘性和活跃性等特征，是全球社会经济地域中的繁荣地带，集聚了全球约三分之二的人口。海岸带是海洋开发、经济发展的基地，地位十分重要。海岸带的滩涂是拥有丰富资源的土地，是目前沿海国家和地区发展水产养殖业的主要集中地，每年提供约 50 万吨的养殖鱼类，培植约 130 万吨的海藻。围海造地也多发生在海岸带，为了增加陆地面积，许多沿海国家都通过围海造地的手段来扩充海岸带土地资

---

　　① 千年生态系统评估项目组：《生态系统与人类福祉：评估框架》，张永民译，赵士洞审校，中国环境科学出版社 2007 年版，第 18 页。

源。由于海岸河口水域淡盐水交汇，水文条件适宜动植物生长，天然饵料丰富，是大量鱼类索饵和孵化场所，因此，海岸带的渔业捕捞在海洋渔业中占有重要地位。海岸带还蕴藏大量可供开采的煤、铁、钨、锡等资源。除此之外，潮汐能、盐差能、波浪能等海洋能的开发利用，也主要集中在海岸带。据估算，全球海洋潮汐能约10亿千瓦，主要集中在浅海区。海岸带在水利建设和国防建设上也十分重要，是发展海洋旅游、建立海洋疗养区的主要场所。

随着城市化进程的不断加快，以及工业化和全球化的快速发展，海岸带受到人类活动和全球气候变化、海平面上升等因素的影响，出现了区域生态环境被破坏、生物多样性减少、海域和陆域污染加重、海水倒灌和淡水资源紧缺造成的水环境恶化、渔业资源枯竭等问题，严重影响了海岸带的可持续开发利用。因此，作为海洋综合管理的新兴领域，海岸带管理越来越受到沿海国家和地区的重视。由于海岸带的多功能性和高开发利用价值，不同部门往往秉持着不同的开发目的管理海岸带，互相干涉，长期以来缺乏统筹协调，引发了很多矛盾，不仅破坏和浪费了海岸带资源，还造成了海洋环境污染。如海岸工程建成之后，会影响所在地的海洋动力和海洋生态，水文条件、海流、海浪、滩涂环境的改变会对鱼类洄游产卵孵化和贝类生长发育造成影响，甚至会影响该地区生活在陆地的动物比如在潮间带生活的鸟类和中小型动物，带来各种生态环境问题；石油和矿物质开采以及排污工程都会对环境造成影响，对稀有动植物的生存造成影响，有的还会破坏珍贵文物、名胜古迹等。海岸带的复杂性，决定了海岸带管理不能再是传统的分割、独立和分散的方式，而应该以综合管理为主，即从管理的主体到管理的内容都应该是综合的，由海洋主管部门发起，多方利益相关主体共同参与。

海岸带综合管理大数据主要包括海岸带管理法规和规划、海岸带动态监测、海岸带管理等方面，为海岸带综合管理和辅助决策提供数据基础。其中，海岸带空间数据为海岸带综合管理空间基准，包括陆域宗地图、房产图、地形图，海域的海岸线图、宗海图、海籍界址点等。属性数据包括海岸带综合管理相关法律法规、海洋功能区划和海域使用区划文字描述，海岸带环境与突发事件动态监测，以及海岸带综合管理所涉及的论证、审查、审批文档，评价和评估指标体系和结果等。

第四节　海洋综合管理大数据应用建议

海洋综合管理在本质上是一种行政过程，需要政府各部门互相协调以及所有利益相关者的参与，包括研究人员、企业家、个体用户和产业协会等部门和人员。然而，由于海洋管理领域长期以来实行部门与行业分割的管理模式，目前的海洋综合管理体制难以推动跨部门和跨行业的协调。海洋综合管理大数据不仅在海洋管理实践中具有重要的辅助决策意义，数据的收集和使用、流转和共享也会加强政府部门和机构之间的沟通与合作，打通部门间、行业间的壁垒，进而推动海洋管理向综合协调方向发展。

一　建立高效快捷的数据采集框架

海洋综合管理大数据的采集框架根据实际工作需要进行设计运行，以保证大数据的有效使用。因此，海洋综合管理大数据采集框架建设工作需要请相关专家以及从事综合管理的相关部门人员持久地参与，了解用户的需求信息及知识。一是确定数据采集与报告的尺度、丰度和频度问题，这并不是固定不变的内容，而是根据现实需要按照一定的周期进行调整，以满足使用为目的；二是建立连贯的分析框架，一方面保证数据的连续性，另一方面保证分析结果的时空可比性，增强应用度；三是保证数据的共享使用，发展数据集成、开放源代码，提供有效和透明的数据，加强数据的互联互通，一方面避免重复采集，另一方面推广多层次的应用场景，提高数据结果的应用程度；四是发展可视化手段，尽可能直观有效地输出数据分析结果，根据用户需求，进行更加智能的个性化设计和推广；五是建立一套科学、清晰和可衡量的数据监测指标，能够监测和反馈采集的数据在海洋综合管理过程中的应用和目标实施情况，避免数据采集的死板和僵化，保证海洋综合管理大数据应用源头的可监测、可控制、可调整。

二　建立综合协调的数据共享系统

海洋综合管理目标的实现是建立在综合协调的基础上的，数据的共享显得尤为重要。海洋综合管理大数据的共享系统，不仅要能更好地进行数据集成和共享，还要具有综合性的科学逻辑，以满足不同层面的管理部门的使用。一是要简化数据获取的难度，使得各方面更加容易地获得数据和数据分析结果，打破数据流通过程中的"繁文缛节"；二是要建立与海洋综合管理实践相关联的操作系统，如建立与地理参照数据相关联的系统、与经济产业分析数据相关联的系统、与海洋环境数据相关联的系统等，满足不同管理情景的使用；三是建立数据使用价值评估指标，一方面保证数据的价值性，另一方面在海洋综合管理实施的每一步，都能用明确的指标及具体的目标考核监督数据的使用。

三　建立科学标准的海洋数据库系统

鼓励政府相关部门和机构加大国家海洋统计数据库建设，包括加强官方与行业协会、研究机构和非政府组织等的合作，将海洋综合管理大数据整合到国家统计资料数据库之中。进一步加强海洋管理数据库建设，采用国际通用标准和框架更新海洋行业相关数据，加强与国际对接。改进数据计算、研究和分析方法，尽可能地扩大数据库涵盖海洋活动范围，应覆盖且不限于海洋教育、海洋科学研究、海洋能源利用、海洋商业和金融服务、海上作业安全监控、海洋权益等相关活动内容。改进和细化数据库的不同应用情景并提供相应的服务，以"一站式""智能式"方法向海洋管理者、从业者和研究者等有相关需求人员提供更加便捷的资料与数据开放服务。

第六章 海洋产业大数据

　　海洋产业系统是海洋经济体系的重要组成部分，也是最为复杂的系统之一，具有多个物质生产部门、非物质生产部门以及经济服务部门，子系统较多。海洋产业不同的子系统之间相互依存、相互影响和制约，对单一子系统的调整也会直接或间接影响整个产业体系。研究海洋产业系统，需要结合产业经济学理论和宏观经济形势进行统筹规划和综合分析，而这一过程离不开对经济信息的利用和数据价值的挖掘。习近平主席在 2014 年国际工程科技大会上指出，"信息技术成为率先渗透到经济社会生活各领域的先导技术，将促进以物质生产、物质服务为主的经济发展模式向以信息生产、信息服务为主的经济发展模式转变"①，经济信息的收集、整理、分析和利用是保证海洋产业科学性决策的关键。不同产业、不同部门之间的各种结构化、半结构化和非结构化经济信息，成为海洋产业大数据来源。充分利用大数据技术研究分析海洋产业大数据，挖掘应用价值，服务海洋产业发展，是海洋经济大数据研究和应用的重要方向之一。

---

　　① 中共中央党史和文献研究院：《习近平关于网络强国论述摘编》，中央文献出版社 2021 年版，第 129 页。

第一节　海洋产业链大数据

　　产业链是各个产业部门之间在一定的技术经济关联基础上，根据特定的逻辑关系和时空布局关系进而在客观上形成的"链条式"关联的关系形态，包含价值链、企业链、供需链和空间链四个维度①。由于产业链的本质描述的是具备某种内在联系的企业群结构，因此产业链的内部存在大量上、下游信息，这些信息构成了产业链的大数据来源。海洋产业链也是如此，众多的海洋产业门类在不同的区域、针对不同的主导产业都对应不同的产业链，纷繁的产业和产业链信息提供了众多结构化、半结构化和非结构化的大数据。收集、整理、分析和利用这些海洋产业链大数据，能够辅助产业发展定位，赋能海洋产业升级。

一　海洋产业分类

　　关于海洋产业的分类，各沿海国家因为产业发展沿革、资源禀赋的不同而对海洋产业的分类各有不同。美国将五大湖经济和海洋经济并列，将海洋经济分为六大产业，分别是海洋生物资源业、海洋建筑业、海洋交通运输业、海洋矿业、船舶制造业、海洋旅游娱乐业。为了更好地促进海洋经济发展，美国政府特别重视数据的共享与使用，由联邦政府提供高质量的科学信息和数据，使得涉海企业、沿海社区和地方政府能够最大化地获得高质量的海洋数据和信息，并据此做出负责任和科学有效的决定。同时，通过提高政府效

率、改善经济环境等促进沿海和海洋相关部门的就业。欧盟将涉海的海洋生物资源业、海洋非生物资源开采业、海洋运输业、港口业、船舶修造业和滨海旅游业定义为蓝色经济，并于2014年推出了"蓝色经济"创新计划，以推进海洋资源的可持续开发利用，推动经济增长和促进就业。"蓝色经济"创新计划有三个方面：一是整合相关海洋数据，绘制欧洲海底地图。包括完善欧洲海洋观测数据网络，整合渔业数据采集框架等数据系统①。二是增强国际合作，促进科技成果转化。成立了加拿大—欧盟—美国大西洋海洋研究联盟，开展更加具有广度和深度的海洋科技领域国际合作。三是开展技能培训，提高从业人员技术水平。日本20世纪60年代以来经济发展的重心逐步从重工业、化工业向开发海洋、发展海洋产业转移，推行"海洋立国"战略，形成了以海洋渔业产业、滨海旅游业、海洋造船工业和海洋新兴产业为支柱的现代海洋经济，对日本GDP贡献较大。近年来日本政府为了谋求转型升级，加大了对海洋信息、海洋资源能源和海洋生物资源开发相关产业等新兴产业的培育和扶持力度。同时大力发展以海洋调查产业为核心的海洋信息开发相关产业，不仅为其他海洋产业的发展提供基础性信息服务，还能带动其他相关产业的技术研发、设备更新与产业升级。

中国海洋产业分类和海洋经济统计标准化工作始于1999年12月，以海洋统计领域的首个行业标准《海洋经济统计分类与代码》（HY/T 052—1999）的发布为起点，将海洋有关产业分类和产业活动的统计范围从整个国民经济体系中划分出来，统一了海洋行业分类口径，规范了海洋产业分类标准。为了更加全面和综合地统计海洋经济总量状况，科学反映中国海洋经济内部在组成部门之间的联系，2006年12月又发布了首个国家标准《海洋及相关产业分类》

---

① 刘堃、刘容子：《欧盟"蓝色经济"创新计划及对我国的启示》，《海洋开发与管理》2015年第1期。

（GB/T 20794—2006），将海洋经济划分为两类三层次，即海洋产业和海洋相关产业两大类，下分海洋经济核心层、海洋经济支持层（属于海洋产业类）和海洋经济外围层（属于海洋相关产业类），包括2个类别、29个大类、107个中类。并且可以与《国民经济行业分类》（GB/T 4754—2002）配套使用，成为中国海洋经济领域最基础和应用最广的标准之一。2012年中国开展第一次全国海洋经济调查，发现与2006年标准相对照的国民经济行业分类已经修订，无法完全反映海洋经济发展的实际，为此，第一次全国海洋经济调查领导小组于2015年1月印发了《第一次全国海洋经济调查海洋及相关产业分类》（简称"调查用标准"），按照《国民经济行业分类》（GB/T 4754—2011）的行业划分规定和海洋经济活动的同质性原则，对海洋及相关产业进行分类，共包括2个类别，34个大类，128个中类，416个小类。2021年，为了适应新时代海洋经济发展需要，满足海洋新产业、新业态发展需求，实现海洋经济发展与国家数据的有效共享，在新修订的国民经济行业分类基础上，国家海洋信息中心结合第一次全国海洋经济调查的实证检验以及新形势下对部分重点海洋产业的分析调研，在调查用标准的基础上编制了修订版《海洋及相关产业分类》（GB/T 20794—2021），于2022年7月1日起正式实施。新修订标准按照反映海洋经济活动同质性、海洋经济特殊性、海洋基本单位同质性、海洋产业归属主体性4个原则，更改了海洋及相关产业分类代码表中类别、个别大类及若干中类、小类的条目、名称、范围和说明，在产业分类层面更加细化。在产业类别上，将原海洋产业调整为海洋产业、海洋科研教育、海洋公共管理服务三个类别；删除海洋相关产业定义，调整为海洋上游产业、海洋下游产业，突出了海洋产业链结构关系。三个版本标准情况对照见表6-1。该标准以《国民经济行业分类》（GB/T 4754—2017）为依据，根据海洋经济活动的性质，将海洋经济划分为海洋经济核心层、海洋经济支持层、海洋经济外围层，分别对应 5 个产业类别、28 个大类、121 个中类、362 个小类。其中，海洋经济核心层包括海洋产业 1 个类别，下分海洋渔业、沿海滩涂种植业、海洋水产品加工业、海洋油气业、海洋矿业、海洋盐业、海洋船舶工业、海洋工程装备制造业、海洋化工业、海洋药物和生物制品业、海洋工程建筑业、海洋电力业、海水淡化与综合利用业、海洋交通运输业和海洋旅游业 15 个大类以及 59 个中类、176 个小类。海洋经济支持层包括海洋科研教育和海洋公共管理服务 2 个类别，海洋科研教育包括海洋科学研究和海洋教育 2 个大类、8 个中类、28 个小类；海洋公共管理服务包括海洋管理、海洋信息服务、海洋社会团体基金会与国际组织、海洋地质勘查、海洋技术服务、海洋生态环境保护修复 6 个大类、21 个中类、66 个小类。海洋经济外围层包括海洋上游产业、海洋下游产业 2 个类别，海洋上游相关产业包括涉海设备制造和涉海材料制造 2 个大类、17 个中类、60 个小类；海洋下游相关产业包括涉海产品再加工、海洋产品批发与零售、涉海经济服务 3 个大类、16 个中类、32 个小类。

表 6-1　　海洋及相关产业分类三个版本标准基本情况对照

	2006 年国标	2017 年调查用标准	2021 年修订版国标
名称	《海洋及相关产业分类》（GB/T 20794—2006）	《第一次全国海洋经济调查　海洋及相关产业分类》	《海洋及相关产业分类》（GB/T 20794—2021）
背景	海洋经济日益成为国民经济的新增长点。主要海洋产业的统计有稳定的数据源，但在统计范围、口径、标准方面，都存在一定的缺陷，有待进一步完善和规范	现行标准对照的国民经济行业分类已经修订，无法完全反映海洋经济的发展	海洋经济始终作为国民经济发展的重要增长点，总量不断迈上新台阶，海洋新产业、新业态不断涌现。现行标准已经不能保证与国家数据的有效共享，亟待开展标准修订工作
目的	形成国家层面的、规范的、能全面综合反映海洋经济运行状况的海洋经济核算体系	开展第一次全国海洋经济调查	完善海洋产业分类体系，明晰海洋产业分类，实现与国民经济行业分类、国际标准产业分类的有机衔接

续表

	2006 年国标	2017 年调查用标准	2021 年修订版国标
意义	海洋经济最基础最广泛的标准之一，为从事海洋有关工作的涉海企事业单位、国家机关和社会团体进行海洋产业类别划分提供了重要依据	为第一次全国海洋经济调查提供了基本分类依据，并为后续国标的修订提供了实证检验	标准分类具有较强的操作性，为海洋经济调查、统计、核算、评估等工作提供科学、全面的技术支撑。体现了科学性、前瞻性、实用性
结构与门类	包括 2 个类别、29 个大类、107 个中类	包括 2 个类别，34 个大类，128 个类，416 个小类	包括 5 个产业类别，下分 28 个产业大类、121 个产业中类、362 个产业小类
配套使用	《国民经济行业分类》（GB/T 4754—2002）	《国民经济行业分类》（GB/T 4754—2011）	《国民经济行业分类》（GB/T 4754—2017）
废止	实施之日起，《海洋经济统计分类与代码》（HY/T 052—1999）即行废止	—	代替《海洋及相关产业分类》（GB/T 20794—2006），该文件于 2006 年首次发布，本次为第一次修订

资料来源：国家海洋信息中心。

二　主要海洋产业及其产业链

1. 海洋渔业产业链

海洋渔业产业链包括海洋捕捞或者水产养殖、水产品加工、水产品市场销售三个主要链。而在不同的社会经济发展阶段，受到当时宏观经济环境的影响，海洋渔业产业链也有所不同。如 20 世纪五六十年代，海洋渔业以海洋捕捞为主，产业链的发展也以捕捞船只和网具开发与建造为主。而随着近海渔业资源的枯竭，水产养殖成为海洋渔业发展的主要方向，尤其是中国控制捕捞强度大力发展养殖业以来，海洋渔业产业链的重点发展方向均围绕养殖展开。影响海洋渔业产业链的另一个重要因素就是地区核心企业，围绕产业链上下游不同的核心企业，相应的产业链类型和发展模式也存在很大的不同。如以海水增养殖企业为主导的海洋渔业产业链，企业的养殖基地规模和养殖品种决定了原料供应商、科研机构、加工企业、批零企业的发展。目前，在中国田野式、粗放型、作坊式的养殖方式受用海审批、养殖病害、养殖成本等因素的影响，已逐渐退出历史舞台，取而代之的是由资本注入或国家补助而形成的抗风险能力更强、规模更大、集约化水平更高的工厂化养殖基地或者集团。这种大型的海水增养殖企业在地区海洋渔业产业链发展中起着举足轻重的作用，往往影响着产业的走向和产业发展，成为海洋渔业产业链的物流、资金流、信息流的中心和整个产业链的管理中心。当然，海洋渔业产业链的构建需要行业协会、企业、政府等各个方面的共同努力。尤其是政府主管部门，应根据地区资源禀赋以及国家、省（区市）海洋渔业发展战略需要，在确保生态、环保、安全的前提下，为产业链的构建提供政策、资源、资金和技术等方面的支持，使产业链的发展成为促进中国海洋渔业产业结构调整和优化的有效途径[1]。

2. 海洋油气业和海洋矿业产业链

海洋油气业和海洋矿业主要有勘探、开采和运输三大环节，从产业链上看，在资源开发装备行业上游主要是装备设计、原材料、防腐涂料和配套设备等，下游则是运输及炼化等矿产能源利用产业。海洋油气和矿产资源开发装备的设计环节是整个产业链中技术含量最高的环节，目前主要由欧美企业垄断。海洋油气业材料和设备供应商，主要包括钢材、焊材、涂料以及各种设备制造行业，代表公司有鞍钢股份、宝钢股份等。海洋油气资源开发的装备制造商，参与者主要包括海外的能源服务提供商，以及国内的海洋石油

---

[1] 权锡鉴、花昭红：《海洋渔业产业链构建分析》，《中国海洋大学学报》（社会科学版）2013 年第 3 期。

工程股份有限公司等。海洋油气业下游的主要客户是国际油气开发公司、天然气液化行业以及工程承包商。

3. 海洋船舶工业和海洋工程装备制造业产业链

海洋船舶工业主要是服务于海上交通运输及海上作业所需的船舶制造。海洋船舶的总装制造在整个海洋船舶工业处于产业链的中游环节，其产业链的上游产业包括原材料、船舶设计、船舶配套等，下游客户则为航运公司或者租赁公司。总体而言，海洋船舶工业产业链上游的船舶设计与配套企业的利润要远高于总装制造企业，尽管总装制造企业规模较大，但利润处于较低水平。海洋工程装备是指用于海洋资源勘探、开采、加工、储运、管理及后勤服务等方面的大型工程装备和辅助性装备[①]。海洋工程装备制造业与海洋船舶工业两大产业在产业链上有交织融合的地方，产业链的上游均为原材料和零部件供应商，主要包括海洋防水材料、防冻材料、海洋防腐涂料、钢铁、铝合金等原材料以及控制系统、钻采系统、定位系统、电子元器件、发动机、锚链等；产业链的中游为海洋工程装备制造商，而很多海洋工程装备制造商与船舶制造企业重叠，往往采用同一平台制造总装或者直接就是特种船舶，主要产品有钻井、辅助船舶、铺管船、起重船等；产业链的下游为装备和船舶应用市场，主要包括海洋油气资源勘探开采、海上油田开采、海洋资源开发工程建设等。目前，海上平台是海洋工程装备制造业主要的发展方向，包括用于海洋牧场的海上养殖平台和海洋油气勘探、开采平台。

4. 海水淡化与综合利用业和海洋化工业产业链

海水淡化与综合利用业主要是以海水为原料，为了满足生产和生活用水而对海水进行淡化利用的产业。海水淡化产业链可分为海

[①] 黄广茂：《关于船舶工程技术专业改革与发展的思考》，《南通航运职业技术学院学报》2010年第4期。

水淡化设备制造，海水淡化工程设计、咨询、服务，淡化水应用三个环节。产业链上游为海水淡化设备制造，包括整体设备制造以及主要零部件制造环节，涉及大尺寸精密机械加工、膜及高分子材料、防腐材料、阀门仪表、海水预处理设施、高压泵及附属产品、能量回收装置等产业。产业链中游为海水淡化工程环节。产业链下游为淡化水供应，涉及市政供水、锅炉用水、特殊工艺用水、与制盐业联合生产等领域。另外海水淡化产业还辐射到机械制造业、化学提纯、海洋产业等其他产业。海洋化工业包括海盐化工、海水化工、海藻化工及海洋石油化工的化工产品和生产活动，主要以海洋中的一些化学物质，包括海盐、溴素、钾、镁及海洋藻类等直接从海水中提取的物质作为原材料，通过工业生产进行提取、分离和纯化等一次加工产品的生产，包括烧碱（氢氧化钠）、纯碱（碳酸钠）以及其他碱类、以制盐副产物为原料进行的氯化钾和硫酸钾的生产；或溴素加工产品以及碘等其他元素的加工产品的生产。海洋化工业产业链上游主要是海水制盐和苦卤化工，提取镁、钾等资源，中游是海洋精细化工，以镁、钾等系列产品的开发为主，下游则是化工产品的应用。

三　海洋产业链大数据应用展望

海洋产业链大数据将改变海洋产业管理方式。大数据的收集、分析和利用，进一步提高了算法和机器的分析作用，提升了产业经济管理的智能化。一方面企业可以利用产业链大数据明确自身的产业定位，调整企业策略，节约生产和运营成本。另一方面海洋产业主管部门，可以根据各级产业发展规划，以产业链大数据为基础，对海洋产业链进行有效调节和科学管理，扶持产业链核心企业，带动整个海洋产业的优化。

海洋产业链大数据将提高决策的准确性。大数据的预测功能可以使决策制定发生根本性的改变。以大数据为样本，利用人工智能的推演和算法，可以对决策进行假设、分析、演练，结果用于指导投资决策和运营决策。尤其是海洋产业管理部门，在制定产业发展规划或制定重点扶持项目决策时，通过基于海洋产业链大数据的推演，让决策用数据说话，避免"拍脑袋"式的决策，能够大大提高决策的准确性和科学性。

海洋产业链大数据将实现市场透明化。大数据的高透明化和广泛可获取性，让一些企业集成多种系统的数据成为可能，而通过从外部供应商和客户处获取的数据，模糊了产业链的上下游概念，使得真正掌握数据的企业才能掌握先机。海洋产业链大数据的这种透明性的特征，一方面能够有效避免出现垄断和破坏市场的行为，另一方面使得企业能够更方便地拓展其供应链合作伙伴关系。

海洋产业链大数据作为一种重要的战略资产，在海洋产业的各个领域和部门都有所应用。产业链大数据的应用，不仅有助于企业开展经营活动，还有利于政府主管部门推动海洋经济发展，调整和优化海洋产业结构。海洋产业链大数据对于推动产业信息化、创新产业发展、改变经济管理模式等也具有重大意义。

第二节 海洋产业布局大数据

海洋产业布局是海洋经济发展的重要方面，指海洋各产业、部门在海洋空间中的有序安排和合理配置。学界对于海洋产业布局的研究较为薄弱，其原因一方面在于对海洋经济产业布局重视不够，另一方面则在于相较于陆地产业布局仅受土地和产业基础两大因素影响而言，海洋产业布局受到沿海陆地、海洋空间以及产业基础等多方因素影响，情况更加复杂。近年来海洋产业布局研究也多以理论和定性分析为主，定量研究较少。因此，在海洋产业发展实践中海洋产业布局存在很大的盲目性和随意性，随着海洋经济的发展，海洋产业布局中的一些不合理、不协调的问题开始显现，不仅影响了沿海地区海洋产业发展，还会造成海洋生态环境恶化等问题。海洋产业布局涉及方面众多，所需和所产生的数据信息量较大，是海洋经济大数据的重要组成部分。利用海洋产业布局大数据，一方面能够为海洋产业布局规划提供数据支撑和信息服务，另一方面能够实时监测海洋布局是否合理，通过大数据分析检验海洋产业布局的合理性。

一　海洋产业结构与布局

海洋产业布局也称为海洋产业的空间结构，正如陆地产业分布在一定的陆域空间范围，海洋产业活动也必须以一定的空间范围为依托，这一空间范围并不完全是海洋，更多的是海岸带以及沿海陆地，甚至内陆地区。从地理空间上来说，海洋产业布局范围具体包括大洋、近海、浅海、潮间带、沿海地区等。海洋产业布局同时也是海洋生产力在海洋地理空间上的配置。海洋生产力主要是人类开发和利用海洋及海洋资源的能力，不仅随着各类海洋资源在海洋空间上的非均衡分布呈现不均匀配置状态，而且随着沿海各地区社会经济发展水平和人文背景不同而不同。海洋生产力的不均衡分布决定了在对海洋产业布局时也不可能进行均衡配置，必须根据实际情况对海洋产业发展对象、规模和时序等方面进行布局。通过对海洋产业在海洋空间上的合理配置和科学布局，可以最大限度地开发利用海洋资源，这是海洋产业布局的目的，也是判断海洋产业布局是否合理的标准。

海洋产业布局也是国家及地方政府、相关管理部门为了国家和地区的整体利益做出的有利于海洋产业健康运行、海洋经济高质量发展的战略部署。海洋经济发展不仅关系地区经济的发展，也和海洋生态环境、国家安全等方面息息相关。政府依据相关的资源禀赋状况和社会经济条件，权衡包括区域利益、部门利益、生态环境利益、长短期利益等，通过各类产业政策和规划，对各沿海地区海洋产业发展的对象、规模和时序等作出统筹安排布局。海洋产业布局的目的就是科学开发海洋资源，保护海洋生态环境，有效解决沿海地区间、各部门间在用海方面的冲突和矛盾。

海洋产业布局根据所涉及和管辖的海洋地理空间大小，一般分为跨省海洋产业布局（国家层面）、省海洋产业布局（省级层面）和市区海洋产业布局（地市层面），各个层面由于涉及地理空间范围、决策主体、需处理主要利益关系等方面的不同所作出的决策依据和标准也不尽相同。国家层面的跨省海洋产业布局决策主体在于国家，即中央政府。地市层面海洋产业布局属于地区经济发展中最基本的区域单元，所涉及空间范围相对较小，从资源禀赋角度来说，单一城市（区）通常只拥有某一种或者几种具有比较优势的海洋资源，区域内竞争性较弱，区域间互补性较强而利益冲突不明显。省级层面海洋产业布局介于国家层面和地市层面之间，有着承上启下的作用，在承担国家对跨省海洋产业布局的同时，确定本省内要发展的海洋产业类型和规模。简单概括，高层次的海洋产业布局对低层次的具有指导和限制作用，而低层次的海洋产业布局则是高层次的实现载体。其中，省级层面海洋产业布局因为相较于国家层面和地市层面的海洋产业布局在内容和实践上更加多样，也是海洋产业布局研究的重点。

海洋产业布局是海洋产业结构在海洋地理空间上的分布和组合形态，两者之间相互作用，共同影响地区海洋经济的发展。海洋产业布局要实现的是海洋生产力在空间上的合理配置，要解决的主要问题是在什么时间、什么地点开展什么规模、什么种类的海洋产业活动，而地区资源禀赋的分布不均匀，以及沿海地区产业经济和社会文化发展水平的差异，又决定了海洋产业布局不可能均衡配置，必须在产业分布、规模、发展时序等方面分出层次。因此，海洋产业布局是一项需要大量信息数据支撑的工作，它不仅需要地区资源禀赋信息和社会经济信息的支撑，还需要多年来海洋产业布局自身的数据信息。要实现科学合理的海洋产业布局，需要在社会经济地理数据的基础上，构建海洋产业信息地图，对海洋产业布局进行实时监测和一定程度上的模拟推演，这也是海洋产业布局大数据的应用路径和目的。

二　海洋产业布局的影响因素

海洋产业布局的影响因素包括沿海和海洋地理环境因素、社会历史因素、经济产业因素以及科学技术因素等，要加强海洋产业布局规划，实现海洋产业布局科学合理，离不开对各影响因素信息的收集和分析，这些海洋产业布局影响因素的数据信息，也是海洋产业布局大数据的重要组成部分。地理空间环境是客观存在的，并且在一定时期内具有相对的稳定性。对海洋产业布局有直接影响的是海洋地理环境，比如岸线条件影响着港口的选址进而影响海洋交通运输业的发展，滩涂和水质等条件影响海水养殖进而影响海洋养殖产业的布局。海洋地理环境主要包括海洋地质条件、海洋水文条件、洋流分布、国防地理需要等。海洋地质条件包括海岸线、海岸带、海岛及海底等岸线资源和海岸带地理空间，也是一般意义上的海洋地理环境。海洋地质条件限制了港口码头和各类海洋平台的建设，同时也影响着海水养殖、海洋油气的勘探与开发。海洋水文条件和洋流分布等在一定程度上决定了渔场的分布、航线的划定，而不同海域的国防地理需要则对该位置海洋产业布局带来不同程度的影响。

影响海洋产业布局的社会历史因素主要是指地区原有的海洋产业布局基础、人口和资源环境现状、人文因素等，也是一定地区海洋产业发展和布局的社会环境基础。地区的海洋产业经济发展和分布都具有一定的延续性，海洋产业布局中合理依托海洋产业原有发展和分布基础，可以有效节约基础投资，同时又不能完全依赖现有产业基础，要做好在现有基础上的升级和集约，对不利于海洋生态环境和整体海洋经济发展的现有产业要通过合理布局坚决取缔或更新。人口因素对海洋产业布局的影响主要表现为对海洋从业人员即涉海劳动力的影响，区域劳动力的数量、分布和素质在一定程度上决定了地区海洋产业发展的规模和分布。除此之外，一个地区特有的风俗习惯和价值观念等海洋社会和文化环境，以及地方政府的海洋行政管理水平，都会或多或少地影响海洋产业的布局。

海洋产业的产业属性、经济地理因素、基础设施配套和生态环境等是影响海洋产业布局的经济因素。产业的自身属性如产品的可运输性、集聚性和规模效应等，是海洋产业布局需要考虑的重要因素之一。不耐运输的海洋产业，如水产品，一般倾向于分散布局，以尽量减少运输过程；集聚性较强的海洋产业，如海洋重化工和海洋装备制造，则倾向于集中布局，以降低海洋环境污染，并且充分发挥集聚效应和规模效应。海洋产业布局受经济地理因素影响的典型案例是临港型工业布局，以港兴市，辐射整个地区。海洋产业基础设施配套是海洋产业发展的硬件环境，包括与海洋产业发展密切相关的电力设施、交通设施、给排水设施、网络通信设施以及海洋灾害预防与救助设施等，一个地区良好的产业基础设施水平，也是提高区域海洋生产力集聚，布局海洋产业的关键因素。海洋生态环境不仅是海洋生物生存和依赖的基本条件，也是沿海地区社会和经济发展的基础，尤其是随着人们生态环保意识的觉醒以及地方政府对生态环境保护的重视，海洋生态环境日渐成为海洋产业布局中必不可少的因素。

科学技术的应用带来了海洋生产力的快速提升，也成为影响海洋经济发展和地区产业布局的重要因素。纵观百年来世界的发展，每次科技革命都带来了生产力水平的飞跃，海洋领域也是如此，每一次的海洋科技进步和创新都大幅度地促进了海洋生产力水平的提升，同时也深刻影响着海洋产业的布局。科学技术的影响主要体现在两个方面，一方面，科技进步改造和提升了传统海洋产业，进而拓展了传统海洋产业布局的空间范围；另一方面，科技进步催生了许多海洋新兴产业，对海洋产业布局提出了新的命题。同时，随着科学技术的进步与发展，还提升了人们认识和改造海洋的水平，提高了开发和利用海洋资源的能力，使得海洋产业布局的范围更加宽广。

海洋产业布局的影响因素众多，数据信息庞杂，更需要以大数据思维和技术手段，综合考量各方因素，找寻相关关系，才能最终实现科学规划合理布局。

三　海洋产业布局大数据应用展望

海洋产业布局的总体目标是实现海洋产业的区域合理布局以及海洋资源在空间上的有效配置，实现区域海洋经济的均衡与和谐发展，充分利用海洋产业布局大数据，可以有效服务这一总体目标。

绘制区域海洋产业经济地图，为海洋产业科学布局提供数据支撑。经济地图（Economic Map）是反映地区社会经济现象分布、状态和相互关系以及变化规律的专题地图，按内容可分为综合经济地图和部门经济地图两大类。海洋经济涉及一、二、三次产业，并且和地区社会经济发展息息相关，专业海洋经济地图涉及信息较多且庞杂。可以结合现有沿海地区和海岸带地图，以海洋产业为主题，编制海洋产业经济地图，为海洋产业布局提供直观、全面、精准的信息支撑服务。

构建全景式影响因素关系图谱，为海洋产业科学布局提供全要素支撑。海洋产业布局影响因素众多，构建全景式影响因素关系图，有利于综合考虑各方因素，捋顺海洋产业发展脉络，梳理海洋产业发展路径，实现海洋产业的科学合理布局。

进行相关性预测分析，为海洋产业科学布局提供实时反馈。在综合全面收集海洋产业布局大数据的基础上，对其进行相关性预测分析，准确预测海洋产业布局对地区海洋经济乃至社会经济发展的影响，通过实时或准实时的大数据信息反馈，对短期内一成不变的海洋产业布局进行科学动态划分，改变命令式和僵硬式的执行过程，实现海洋产业布局的科学反馈与合理微调。

第三节　涉海企业大数据

涉海企业是海洋经济发展的主要支撑。相较于其他行业，涉海行业具有投资周期长、风险大、地区和技术限制大等特点，造成了涉海企业规模效应和集聚效应低、中小企业活力不够的局面。涉海企业大数据的收集，主要是以政府相关部门为主体，是政府为了摸清海洋经济"家底"，进行合理施政的主动行为。而在涉海企业大数据的应用层面上，则可以分为政府层面和企业层面。

一　政府层面对涉海企业大数据的应用

从政府层面上讲，对涉海企业大数据的收集和应用主要集中在两个方面，一方面是掌握企业名录和发展现状，科学判断海洋经济发展现状和趋势；另一方面是在进行宏观调控和制定相关产业发展政策时，可以做到"有的放矢"，避免"拍脑袋"式的盲目决策。海洋产业涉及一、二、三次产业，涉海企业类型、规模、分布较广，全面掌握地区涉海企业发展状况，已经成为地方政府制定海洋产业结构调整政策、海洋产业布局的重要依据。但是在涉海企业大数据收集过程中，面临数据收集难和数据真实性、实时性差等问题。要解决这些问题，一方面要求涉海企业数据收集部门与税务、统计等部门做好衔接，从不同渠道获取真实数据信息，另一方面转变服务意识，与企业建立良好的"亲清"合作关系，减轻企业的抵触程度。另外，还要做好宣传工作，让企业明白经济统计事关经济和产业发展，宏观调控的结果最终会由企业承担，只有真实的数据才能为政府提供有效的参考，进而促进政府决策科学化，最终为企业带来更加广阔的发展空间。

二　企业层面对涉海企业大数据的应用

狭义的企业大数据来自企业的日常经营和管理活动的全面记录，如考勤数据、销售数据、生产数据、财务数据、采购数据和人力资源数据等，对这些数据的收集、整合和分析，是企业管理的重要内容，也是企业生存、发展、壮大的秘籍，该内容不在本书研究范围之内，不再赘述。作为海洋经济大数据的一个重要内容，本书所涉及的涉海企业大数据，主要是指广义上的企业大数据，即海洋产业和相关产业所涉及企业的经营和管理活动数据，以经营数据为主，即生产数据、销售数据、采购数据、财务数据、人力资源数据、研发投入数据等对整个行业具有应用价值的大数据。如前文所述，该类数据的收集主体主要为政府机构，并且这类产生于企业自身的大数据，从理论上来说，企业应该拥有使用的权限。因此，建议政府部门在保障数据安全和隐私的前提下，对收集的涉海企业大数据通过一定的渠道进行发布，一方面回馈企业，让企业在填报之时就明白后期能够为我所用，提高企业填报数据的积极性并促使其自觉保证数据的真实性，另一方面为企业管理层做决策提供数据支撑。

第四节　海洋产业政策及产业研究大数据

海洋产业政策是指由政府部门编制出台的涉及海洋产业的规划、方案、法律、法规、政策、行动计划等，是海洋产业发展的宏观指导。海洋产业研究则主要是指理论界就海洋产业发展进行的理论研究、对策研究、政策解读等，是海洋产业发展的智力支撑。海洋产业政策大数据包括国家和地方出台的海洋产业发展政策信息，而海洋产业研究大数据除了包括理论界的各类研究成果，海洋经济研究领域的专家和学者也是宝贵的资源。

一　海洋产业政策大数据

2008 年国务院批准的《国家海洋事业发展规划纲要》，是中华人民共和国成立以来首次发布的海洋领域总体规划，此后国家不断升级政策，近年来，国家的每一个"五年计划"几乎都会部署有关海洋经济和产业发展的目标和战略计划。如在《国家海洋事业发展规划纲要》中提出"发展海洋经济"和"发展海洋产业"的战略，重点制定了加强海洋资源利用，向海洋求生存、扩大生存空间战略，逐步形成以海洋开发为推动力，推进东部沿海地区率先发展和深化改革开放的全新形式。从国家层面上也相继编制了全国海洋经济"十二五""十三五""十四五"发展规划。党的十八大报告和党的十九大报告中，均有"海洋强国"战略的相关论述。2012 年，党的十八大报告中明确提出："坚决维护国家海洋权益，建设海洋强国。"这是首次从国家层面正式提出"建设海洋强国"的战略部署，是中华人民共和国成立以来海洋战略的继承与发展，标志着中国正式开启海洋强国战略。2013 年 9 月，习近平总书记开创性地提出共建"一带一路"倡议，同年 10 月，在印度尼西亚国会发表演讲时指出，"中国愿同东盟国家加强海上合作……发展好海洋合作伙伴关系，共同建设 21 世纪'海上丝绸之路'"。"一带一路"倡议的提出，为中国与世界各国友好交流提供了一个平台，加强了中国与沿线海洋国家之间的多边合作，拓宽了合作渠道，兼顾了各国海洋发展的利益，丰富和发展了海洋战略体系。2015 年 3 月，中国政府制定并发布了《推动共建丝绸之路经济带和 21 世纪丝绸之路的愿景与行动》，"一带一路"倡议正式启动，标志着中国首次从全球化的被动参与者转变为主动合作者和倡议者，开启了中国与世界区域合作的新模式。2017 年，党的十九大报告中再次强调，"坚持陆海统筹，加快建设海洋强国"，再一次吹响了建设海洋强国的号角。2019 年 4 月 23 日，习近平总书记首次提出了"推动构建海洋命运共同体"的倡议："我们人类居住的这个蓝色星球，不是被海洋分割成了各个孤岛，而是被海洋连结成了命运共同体，各国人民安危与共。"① 这是人类命运共同体在海洋事业上的延伸，也表明了中国重视海洋、发展海洋的决心。2020 年 7 月 11 日，中国第 16 个航海日公告指出：因地制宜开展各类航海日活动，旨在推动中国与全球海运界更高层次、更多维度的交流合作，推动构建海洋命运共同体。标志着中国在海洋事业领域形成了对内"海洋强国战略"和对外"海洋命运共同体"的两大战略。为了保障海洋事业的发展，中国也颁布了多种海洋相关的法律法规，以及分散在国家和相关部门的法律法规中的涉海条文，如《中华人民共和国政府关于领海的声明》《中华人民共和国航道法》《中华人民共和国深海海底区域资源勘探开发法》《中华人民共和国海上交通安全法》《中华人民共和国海洋环境保护法》《海岸线保护与利用管理办法》等。

在国家的统一布局下，"十二五"时期，中国首次提出要推进

---

① 习近平：《习近平谈治国理政》（第三卷），外文出版社 2020 年版，第 463 页。

形成南部、东部、北部三大海洋经济圈。"十三五"时期，习近平总书记亲自谋划部署，并推动了"粤港澳大湾区"国家战略，至此，围绕环渤海、长三角、海峡西岸、珠三角、北部湾五大经济区布局形成了"三圈一群"的海洋经济产业空间格局。"三圈一群"即南部海洋经济圈、东部海洋经济圈、北部海洋经济圈、粤港澳大湾区城市群。南部海洋经济圈是中国贸易往来的最前沿出入口，包括广西、广东、海南和福建四个省区，相比较其他海洋经济圈，具有海疆广阔、海岛众多、独特区位优势明显等特点。随着海南自由贸易港的不断建设和发展，南部海洋经济圈成为中国扩大对外开放、加强与东盟合作、积极推动经济全球化的重要经济圈。东部海洋经济圈是中国参与经济全球化以及全球竞争的门户，地处长三角地区，由江苏、浙江、上海三个省市的沿海地区以及海域共同组成，是中国沿海地区的中心，具备相对完善的港口航运体系，区位优势明显，海洋产业集聚效应明显，是中国海洋经济发展的发力点和排头兵。北部海洋经济圈是北方地区对外开放的重要平台，由辽东半岛、渤海湾和山东半岛沿岸及海域组成，包括辽宁、河北、天津和山东的沿海陆域及近岸海域。与日本、韩国隔海相望，是日韩对华贸易的重要承接地，与长三角、珠三角和港澳台等地区互补对接，具有独特的区位优势，拥有雄厚的海洋经济发展基础和海洋资源禀赋，科研教育资源优势明显。粤港澳大湾区则是中国首个国家层面确认的湾区，是目前中国层次最高、影响最大的湾区，由珠三角核心区的广州、深圳、珠海、佛山、东莞、中山、江门、肇庆、惠州九个城市和香港、澳门两个特别行政区组成的"9+2"湾区城市群①，将建成充满活力的世界级城市群、国际科技创新中心、"一带一路"建设的重要支撑、内地与港澳深度合作示范区，也将打造宜居宜业宜

---

① 辜胜阻、曹冬梅、杨嵋：《构建粤港澳大湾区创新生态系统的战略思考》，《中国软科学》2018 年第 4 期。

游的优质生活圈。

在国家顶层框架设计指引下，沿海各省份在海洋领域也陆续出台系列涉海专项规划和政策细则。各沿海省份在出台海洋经济五年规划的基础上，又纷纷出台海洋产业专题发展规划，如山东省出台了《山东省海洋事业发展规划（2015—2020）》《山东省海洋强省建设行动方案》，浙江省出台了《浙江省现代海洋产业发展规划（2017—2022）》、广东省出台了《广东省海洋生态文明建设行动计划（2016—2020年）》等。在各省的海洋产业政策框架下，各市区也根据自身的海洋资源禀赋和产业发展基础，纷纷制定相应的海洋经济五年规划或者专项行动计划。由于市区基本上是海洋产业布局的最小单元，因此市区的海洋产业政策相对微观，更具有操作性，对地方海洋产业发展的约束和促进作用更加明显。

二 海洋产业研究大数据

理论研究和实践一直遵循实践理论实践的过程，海洋产业研究也是如此。随着海洋强国战略的实施和中国海洋经济的发展，产业研究正逐步成为海洋经济领域的研究热点。海洋产业的研究领域主要包括海洋产业政策、海洋产业结构、涉海产业链、海洋产业布局、海洋产业集聚与集群、海洋产业竞争力等方面，近年来随着海洋安全和碳排放碳中和等问题的不断发酵，海洋产业贡献度、海洋产业安全、海洋产业生态问题、海洋产业碳排放等逐渐成为海洋产业新兴的研究热点。研究的内容主要包括宏观方面的区域海洋资源开发、海洋产业结构调整、海洋产业规划布局，以及微观方面的海洋产业部门、企业和个人。

国内海洋产业研究的重点领域主要集中在海洋产业结构、海洋产业布局、海洋产业集聚、海洋产业竞争力四大方面。海洋产业结构一般从优化升级的角度对海洋产业结构优化进行理论和实证研究，并且大多从区域海洋产业存在的问题出发，通过理论和实证研究来分析和解决本区域的海洋经济发展过程中的结构不合理、不协调等实际问题，具有很强的针对性、时效性和政策性。而海洋产业结构理论方面，主要还是依靠和借鉴现有的经济产业发展理论，或者照搬和套用国内外其他产业发展理论，目前还没有形成一套海洋经济和海洋产业特有的产业结构理论。同时限于产业结构数据信息的不完整，现有研究鲜有多尺度、多地区的时空序列分析，而由于海洋经济统计口径问题，也缺乏全国到省市县多角度的交互验证以及自上而下或自下而上的对整个海洋产业结构体系的研究。海洋产业布局的研究除了概念、内涵、影响因子、演化规律等基础理论研究外，也多以区域海洋产业布局发展战略实证研究为主，研究内容以分析区域海洋产业布局现状和问题、利用产业布局理论提出相应对策最为常见。现有研究缺乏系统性，大多是问题导向进行的应用对策研究，然而由于没有从海洋产业布局战略实施绩效检验等方面切入，提出的对策建议的实施主体模糊，很多研究无法对政府相关部门海洋产业布局规划和产业政策决策在实践上提供有益指导。同时也较少涉及海陆统筹联动发展和区域经济一体化的视角，现有的一些研究成果缺乏可操作性或者在指导地区产业经济发展上现实作用不大。海洋产业集聚和集群研究主要是以经济学中的产业组织相关理论为基础展开，现有的研究缺乏产业集聚的培育路径和产业链视角下的产业集聚发展等相关方面的研究，研究方法上也由于缺少数据支持而多采用定性研究缺乏定量研究，需要进一步创新和完善。对于海洋产业竞争力的研究以竞争力测度方法和海洋产业竞争力实证分析为主，从竞争力指标体系的构建，到不同海洋产业和不同区域海洋产业竞争力现状分析都有相关的研究并取得了一定的成果，但是竞争力指标体系的建立和方法的运用还没有形成统一公认的指标体系和评价模型。

随着中国海洋强国战略的深入实施，以及国家和各省份对海洋经济发展的大力支持，在海洋产业不断发展壮大的同时，海洋产业研究也不断发展，研究成果不断增多，研究领域逐步拓展，研究深度不断深入，研究人员和团队不断增多，这些都为海洋产业发展提供了有效的智力支撑。海洋产业大数据一方面为海洋产业研究提供研究材料和信息资料，不断充实和完善理论研究的方法，使得研究成果更加科学和实用，丰富的实践数据不断催生新的理论形成研究成果，理论研究成果又不断指导实践产生更多的研究数据；另一方面，海洋产业研究的成果和专家学者团队又形成海洋产业研究大数据，分析和利用海洋产业研究大数据，找寻相关性，发现蕴含其中的价值，进而指导和促进海洋产业实现高质量发展。

三 海洋产业政策和产业研究大数据应用展望

海洋产业政策和产业研究大数据是典型的非结构性数据，以文本为主要内容，需要重点分析研究与海洋产业发展实践之间的相关性。为了更好地利用海洋产业政策和产业研究大数据建议由政府主导构建海洋产业政策和产业研究大数据库。政府相关海洋产业管理工作机构和部门在掌握海洋产业政策等信息上具有明显的优势，同时，要求相关机构和部门工作人员熟悉海洋产业政策信息的来源、内容和关联，能够将相关信息储备在一起，及时全面地掌握海洋产业政策和产业研究信息资源和知识，为海洋产业发展决策者提供准确有效的决策依据。海洋产业政策和产业研究大数据库能够充分挖掘海洋产业管理工作机构和部门内部的信息，拓宽工作思路，共享工作信息，有效利用产业政策和研究信息，提升海洋产业主管部门的工作效率和决策的科学性。海洋产业政策和产业研究大数据库除了能够在海洋产业管理部门决策中起重要辅助作用外，大数据库中包含的海洋产业经济发展的相关概念、法律、法规、政策信息、理论研究成果和实践应用信息，还能够为日常工作提供必要的智力支持。海洋产业政策和产业研究大数据库的构建还需要有强大的存储能力，以及很强的抗干扰性和安全性。此外，还需要实现高效的信息检索能力，能够方便快捷准确地找到各种相关性，为海洋产业发展提供服务。

第七章　海洋生态环境大数据

　　海洋是地球上最大的自然生态系统，一般意义上的海洋生态系统包括海洋中的生物成分和非生物成分，生物成分是指生活在海洋中的各类生物的集合，大体包括浮游生物、游泳动物、底栖生物三类，海鸟类由于对海洋生态系统依赖程度较高，一般也看作海洋生物生态系统的参与者；海洋生态系统的非生物成分除了具有陆地生态系统中的无机环境之外，还具有独特的海洋环境，包括海流、海浪和潮汐等，以及区别于陆地淡水的海水生态系统。海洋生态系统不仅为人类生存提供了鱼类产品等必要的蛋白质来源，以及矿产、化工原料、能源产品等工业产品，这些产品可以统称为海洋生态系统的供给服务，同时也提供了人类赖以生存的气候调节、地质调节等服务，这些服务可以称为海洋生态系统的调节服务。除此之外，海洋生态系统还提供维持地球稳定的支持服务和人类休闲、精神等其他方面非物质的文化服务。海洋生态系统具有非常宽泛的概念范围和研究范围，本书仅就海洋生态系统提供支持海洋经济活动的产品服务和海洋环境两个方面，从大数据应用角度对海洋生态系统进行论述。

第一节　海洋生态大数据

生态系统的概念最早由英国生态学家亚瑟·乔治·坦斯利爵士

于 1935 年提出，早期研究以定性研究为主，到 20 世纪 60 年代后随着数学和系统分析技术的兴起，以及控制论和计算机技术的广泛应用，对生态系统的研究开始从定性描述走向定量研究。目前，生态系统的研究主要是以多方面系统数据为基础，通过构建不同模型，分析研究生态系统的演变、发展和维持，以及服务产品产出等内容。而随着大数据理念和技术的发展，利用生态系统大数据对生态系统展开全面的研究和分析正成为生态系统研究的主流。对于海洋生态系统的研究起步于 20 世纪 70 年代，一开始主要是以实验室内一定范围的实验生态系统的研究为主，研究内容包括实验生态系统内营养层次、海水中化学物质的转移、污染物对海洋生物的影响、鱼类等经济生物群落的觅食和生长等。同样，随着调查技术和计算机技术的进步，目前研究方法以调查和数学模拟为主，涉及内容包括海洋生态系统服务、海洋生态产品和海洋"碳汇"等方面。

一 海洋生态系统

海洋生态系统简单而言是指由海洋中的生物和环境相互作用所构成的自然生态系统，海洋是一个整体的大生态系统，其中不同大小或水平的海域又构成了不同等级的海洋生态系统并占据一定的空间，且包含相互作用的生物和非生物组分，通过物质循环和能量流转来构成的具有一定的结构和功能的系统[①]。海洋生态系统的组成要素主要是海洋生物群落和海洋环境两大部门，这两大部门下又包含 6 类要素，一是自养生物，是海洋生态系统中的生产者，种类主要是浮游藻类植物、底栖藻类植物、海洋种子植物等植物和体内含有绿色素等能进行光合作用的细菌；二是异养生物，是海洋生态系

---

① 张开城：《绿色思维与绿色海洋社会建设》，《生态经济》2012 年第 3 期。

统中的消费者，主要包括海洋鱼类、虾、贝、海绵动物、腔肠动物和节肢动物等海洋无脊椎动物、海洋原索动物和海洋脊椎动物等海洋动物；三是分解者，是海洋生态系统中处理各类垃圾残骸的"清洁者"，主要包括各类海洋细菌和海洋真菌；四是有机碎屑，是海洋生态系统中生物死亡后分解而成以及由陆地进入海洋的有机碎屑等，还包括大量溶解于海水中的有机物和有机聚集物；五是无机质，主要是指参加海洋生态系统物质循环的碳、氮、磷、硫、二氧化碳和水等各类无机物质；六是海洋水文物理状况，包括气温、水温和海浪、洋流等水文环境。相较于陆地生态系统，海洋生态系统的划分相对困难。陆地生态系统主要是以生物群落为基础来划分的，地理界限明显，特征相对分明，不同的生态系统之间差别较大，且除了接壤区域，相互之间联系较少。而海洋生态系统之间相互依赖性和交互流动性很大，并且缺少明显的分界线，目前海洋生态系统的划分主要是依据海域环境的不同而划分，常见的分类有沿海河口生态系统、内湾生态系统、红树林生态系统、珊瑚礁生态系统、大洋生态系统、深海生态系统和海底热泉生态系统等。

海洋生态系统具有整体性、流动性、分层性、稳定性和不可逆等特点。海洋生态系统的整体性是指全球海洋作为一整个联通的水体，尽管被划分为几个大洋和各个附属内海，但它们之间并没有相互的物理隔离，海流、洋流和潮汐等海水的运动使各个海区的水团相互混合、相互影响，形成了与陆地生态系统显著不同的特点。海洋生态系统的流动性主要是指通过大洋环流和海水水团结构，使得海洋在整体上不断流动，但同时又因为纬度的不同形成了热带、亚热带、温带和极区等海域，而水团的垂直分布和运动形成的上升流海域，对海洋生态系统的生物组成、分布和数量等有着重要的影响。海洋生态系统的分层性主要是由太阳光线在水中的穿透能力比空气中小很多造成的，太阳光照射进入海水以后，由于海水的透明度低其衰减较快，只有在最上层才能保证有足够强的光照为植物光合作用所用；到达某一深度之后，太阳光的光照强度十分衰弱，处于该深度的植物光合作用仅够生产补偿自身呼吸作用消耗的有机物质，这一深度被称为补偿深度，补偿深度以上的水层被称为真光层。补偿深度的高低主要取决于海域的纬度、季节和海水浑浊程度，例如在透明度较大的热带海域，补偿深度可达200米以上，而有些近岸海域，则仅有数米。海洋生态系统的稳定性是指由于海水的比热比空气大很多，导热性能相对较差，因此海水温度年变化范围不大。根据温度的变化，海水自上而下分为变化较大的混合层和水温急剧下降到深层低温的温跃层，混合层因海水的上下运动混合，温度变化范围较大，而温跃层以下海水则维持在十分稳定的低温状况。海洋生态系统的稳定性是相对整个海洋水体而言的，在某一特定海域，海洋生态系统则比较脆弱，如近岸红树林生态系统和珊瑚礁生态系统，对环境变化比较敏感。海洋生态系统的不可逆是指不论大洋还是近海，海洋生态系统一旦被破坏就很难恢复，这也是近年来人们关注海洋生态系统修复的重要原因。

二　海洋生态产品

海洋生态系统对人类具有重要的不可替代的服务功能。海洋生态系统的服务从功能上来说，可以分为供给功能、调节功能、文化功能和支持功能四大类。供给功能主要是指海洋为满足人类生存和生活所需的食品、原材料、基因资源等物质产品而进行的食品生产、原料生产和基因资源提供等功能；调节功能是指为了维护生态平衡和人类发展而提供的气候调节、废弃物处理、生物控制和干扰调节等功能；文化功能是指为满足人类的精神感受、知识获取和消遣娱乐等非物质享受而提供的休闲娱乐、文化价值和科学研究价值等功能；支持功能是指维持整个海洋生态系统而提供的营养物质循环、维持物种多样性和初级生产力等功能。生态产品是生态系统服务概念的延伸和具体化，即生态系统提供的产品供给、调节生态、生态文化和生命支持等服务的自然要素的综合。在 2010 年国务院编制发布的《全国主体功能区规划》中对生态产品给出了一个精准的定义，即"生态产品指维系生态安全、保障生态调节功能、提供良好人居环境的自然要素，包括清新的空气、清洁的水源和宜人的气候等。"① 该定义从生态系统的产品特征方面进行强调，得到广大学者的认可并被广泛接受，也有学者认为上述定义较为狭义，提出广义上的生态产品是指人类通过有意识的行为活动，在对生态系统进行改变或改善的过程中，形成的一系列有形和无形的物品。海洋生态产品是海洋生态服务功能价值的具体体现，即海洋生态系统为了满足人类自身生存和生活需求而直接或间接提供的物质和服务产品，以及环境维持等要素产品的总和。

产品是经济学上的概念，用"产品"来定性和定量海洋生态，自然是从经济学角度对海洋生态系统的研究。事实上，用经济学意义上的货币形式去估计海洋资源的价值，一直是海洋事业管理上常用的手段，比如海域使用金、海洋生态损害赔偿费和损失补偿费等，都对海洋生态的货币价值进行了估算。但是传统的经济学理论无法提供足够的工具去货币化海洋，即目前为止仍无法计算海洋真正的经济价值，同时也不能提供一个方法去准确定量计算海洋生态系统要素条件变化引起的价值变动。例如，对于海洋环境变化影响的经济成本就难以定量计算，海域使用金和海洋生态损害赔偿费等也大多是参照陆地管理办法和当地区域经济发展水平来确定的，并不能真正反映海域的价值或者海洋生态损害的价值损失。从某种意

---

① 《国务院关于印发全国主体功能区规划的通知》，https：//www. gov. cn/gongbao/content/2011/content_ 1884884. htm，2010 年 12 月 21 日。

义上讲，海洋生态系统是无价的。"无价"虽然普遍出现在人们的日常生活中，用于描述海洋生态系统也非常合适，但经济学意义上的"无价"是不存在的。在经济学意义上，任何物品都具有价值，且物品的价值体现方式就是比较，即物品没有绝对的价值，物品的价值都是通过比较得出的。因此，直接计算海洋生态系统的货币价值虽然没有任何实际意义，但是用产品等经济概念和相对价值来间接反映海洋生态系统的经济价值，在海洋管理和海洋经济发展中却具有十分重要的意义。海洋生态产品的概念正是针对海洋生态系统价值实现的实际困境而提出的。海洋生态产品价值实现的过程简单来说就是通过明晰产权、投资和运营等方式实现海洋生态资源的货币化过程。明晰产权是海洋生态产品价值实现的第一步，因为只有产权明晰的海洋生态资源才能进入市场完成交换体现价值。具有明晰产权的海洋生态产品通过抵押、融资、担保和转移支付等形式进入市场交易，通过配额交易、优化配置、创新运营模式等实现产业化运营，实现了海洋生态产品的价值，同时为了实现海洋生态产品的最大限度开发和可持续利用，投资者和受益者会主动将收益反哺于海洋生态资源的保护工作之中，通过海洋生态产品的价值实现来促进海洋生态资源的养护和保护，使海洋生态资源形成"开发—变现—保护—开发"的良性循环。

三 海洋碳汇

对生态系统碳循环过程和固碳机制的研究，一直是近年来生态系统研究领域的热点内容。为了缓解全球气候变暖的趋势，一方面是减少二氧化碳排放即减少碳源，另一方面则是采用固碳技术来增加碳汇。海洋生态系统一直在全球固碳上起着重要作用，作为地球上最大的碳库，海洋碳库二氧化碳容量是大气的 50 倍，是陆地生态系统的 20 倍，有研究表明，全球海洋每年从大气吸收 20 亿吨左右的二氧化碳，占全球每年二氧化碳排放总量的 1/3 左右，自 18 世纪以来全球海洋吸收了化石燃料排放量 40% 以上的二氧化碳以及人为排放量 25% 以上的二氧化碳，海洋浮游生物、细菌、海草、盐沼植物和红树林等海洋生物完成了地球上一半以上的生物碳或绿色碳的捕获，单位海域中生物固碳量是森林的 10 倍、草原的 290 倍。因此，海洋碳汇成为除了森林碳汇以外全球碳汇的另一个重要方面。海洋碳汇，又称蓝色碳汇或蓝碳，对应的是陆地上的"绿色碳汇"，是指海洋活动及海洋生物对于空气中二氧化碳进行捕捉和封存的过程。2009 年联合国环境规划署、联合国粮农组织和联合国教科文组织政府间海洋学委员会共同发布的《蓝碳：健康海洋固碳作用的评估报告》中，将由海洋生物捕获并固定在海岸带的红树林、海草床和盐沼等海洋生态系统中的碳称为"蓝碳"，将那些能够固碳、储碳的海洋生态系统特别是滨海生态系统称为滨海蓝碳生态系统，其中，红树林、海草床和滨海盐沼并称三大滨海蓝碳生态系统。目前，对海洋碳汇比较认可的定义是"海洋碳汇是红树林、盐沼、海草床、浮游植物、大型藻类、贝类等从空气或海水中吸收并储存大气中二氧化碳的过程、活动和机制"。[1] 促进海洋碳汇发展，发挥海洋二氧化碳负排放的潜力，是实现碳中和目标的重要路径之一。

习近平主席在 2020 年 9 月 22 日召开的联合国大会上明确表示："中国将提高国家自主贡献力度，采取更加有力的政策和措施，力争二〇三〇年前二氧化碳排放达到峰值，努力争取二〇六〇年前实现碳中和。"[2] 要实现"碳达峰""碳中和"目标，海洋碳汇将发挥重要作用。对海洋碳汇的研究，目前主要集中在生态学和经济学两个角度。即从生物学和生态学等角度对海洋生态系统碳循环和固

---

① 《海洋碳汇核算方法》，https：//gi. mnr. gov. cn/202210/t20221009_ 2761188. html，2022 年 9 月 26 日。
② 习近平：《习近平外交演讲集》（第二卷），中央文献出版社 2022 年版，第 319 页。

碳的机理进行深入研究，以期不断深入挖掘海洋固碳潜力；从经济学角度不断推进海洋碳汇核算、开展海洋碳汇交易试点等方面的研究工作。如岳冬冬在 2012 年探索构建了包括直接碳汇和间接碳汇的海水贝类养殖碳汇核算体系①。王佐仁等在 2013 年通过推算二氧化碳吸收量进行了海洋碳汇统计测度的尝试②。刘芳明等在 2019 年首次运用"总经济价值法"核算广义海洋碳汇价值③。其中，刘芳明等提出的总经济价值法得到了广泛认可，即首先分别测算各个类别的海洋碳汇价值，然后通过逐级加总的方法，最终得到海洋碳汇的总经济价值。为了统一标准，自然资源部第一海洋研究所在碳汇核算方法学研究的基础上，编制了《海洋碳汇核算方法》（HY/T 0349—2022），于 2022 年 9 月 26 日由自然资源部予以批准发布，2023 年 1 月 1 日正式实施，成为中国首个综合性的海洋碳汇核算标准。该标准对海洋碳汇核算工作的流程、内容、方法及技术等要求进行了规定，确立了相关标准，确保海域碳汇核算工作有标可依，填补了海洋碳汇核算领域的行业标准空白，核算方法同样适用于海洋碳汇能力核算与区域比较。沿海各省份则主要从实际出发开展海洋碳汇行动计划和交易试点，如深圳市在 2020 年 6 月发布了全国首个《海洋碳汇核算指南》，福建省于 2020 年 6 月在厦门大学成立了省级海洋碳汇重点实验室，山东省威海市于 2021 年 4 月 1 日发布了全国第一个蓝碳经济发展计划《蓝碳经济发展行动方案（2021—2025）》，2021 年 4 月 8 日，中国开发的首个蓝碳交易项目——广东湛江红树林造林项目通过了核证碳标准开发和管理组织 Verra 的评审。

---

① 岳冬冬：《海带养殖结构变动与海藻养殖碳汇量核算的情景分析》，《福建农业学报》2012 年第 4 期。

② 王佐仁、肖建勇：《关于碳汇统计测度的研究》，《西安财经学院学报》2013 年第 2 期。

③ 刘芳明、刘大海、郭贞利：《海洋碳汇经济价值核算研究》，《海洋通报》2019 年第 1 期。

四 海洋生态大数据应用

大数据在陆地生态系统研究中，已经发挥了重要的作用。得益于辽阔的地域和多样的气候，中国的生态系统类型十分丰富，几乎拥有从极地到热带所有的生态系统类型，但是由于长期生态意识淡薄和资源的掠夺式开发，中国生态环境目前十分脆弱，生态退化，生物多样性受到了严重威胁。生态问题已经成为中国经济和社会发展过程中的最大挑战之一，为此，以习近平生态文明思想为指导，中国启动了一系列针对当前生态环境安全问题的重大研究项目。为了服务国家生态系统整治和修复，支撑重大研究项目的数据需求，中国科学院生态环境研究中心城市与区域生态国家重点实验室，以中国科学院生态环境研究中心在中国生态系统评估、生态安全等研究方面的数据资源和科研成果为基础，以规范的数据标准对相关数据和研究成果进行整合、分类、加工、整理，建立了中国生态系统评估与生态安全数据库（见图7-1）。建设目的是实现生态学研究数据的共享和成果应用推广，一方面服务于广大科研人员，提供科学研究所需的数据，另一方面为国家相关部门进行生态系统评估、生态格局分析、生物多样性保护、生态保护规划和生态补偿等决策提供数据参考。数据库对非注册用户和注册用户开放，非注册用户能够浏览页面，但无法下载数据；注册用户又分为内部用户和外部用户，其中内部用户为城市与区域生态国家重点实验室内部员工，可以共享所有数据；外部用户为注册数据库的普通用户，可以浏览所有页面，并且可以下载密级为"公开"的数据，通过离线申请得到数据拥有者同意并经审核后，也可以获取"内部"数据。而数据的共享方式则分为在线共享和离线共享两种。在线共享针对的是公开数据，可以在线浏览、下载；离线数据指的是内部数据，只能离线共享，并且用户需要提交离线申请书，得到数据拥有者同意并经审核后才能共享；涉及绝密、机密、秘密的数据，这些数据一般为测绘部门提供的基础地理数据，不能共享，用户只能从国家、地方测绘主管部门申请或购买相关数据，并需要遵守相关的数据保密规定。

图 7 - 1　中国生态系统评估与生态安全数据库首页

资料来源：www. ecosystem. csdb. cn.

中国生态系统评估与生态安全数据库是中国首个国家层面上的生态系统大数据库，包含中国生态系统评估数据库、中国陆地生态系统数据库、中国生态功能区划数据库、典型区域综合生态数据库、中国国家保护地数据库五个数据库。①中国生态系统评估数据库包含五个数据集，即全国生态系统格局数据，主要是 2000 年、2005 年、2015 年全国一级生态系统分类、全国二级生态系统分类、全国三级生态系统分类的空间分布信息数据集，内容包括全国各类生态系统比如森林、灌丛、草地、裸地、农田、沙漠和城镇等生态系统的空间分布格局，以及各省（区市）的各类生态系统类型的面积等信息数据；全国生态系统质量数据，主要是 2000 年、2010 年、2015 年全国森林、灌丛和草地生态系统质量与变化的空间信息数据集，内容包括全国优良中低劣五种质量的森林、灌丛、草地生态系统的面积及分布情况，以及 2000—2010—2015 年变化情况等信息数据；全国生态系统服务功能数据，主要是 2000 年、2010 年、2015 年全国土壤保持功能、水源涵养功能、生物多样性保护功能、防风固沙功能、食物生产功能五大服务功能的主要信息数据集，内容包括全国生态系统五大服务功能的总量信息、空间分布信息，以及 2000—2010—2015 年变化情况等信息数据；全国生态系统环境问题数据，主要是 2000 年、2010 年、2015 年全国水土流失、风蚀、石漠化、土地沙化等生态环境问题的主要信息数据集，内容包括全国主要生态环境问题程度或强度数据，以及 2000—2010—2015 年变化情况等信息数据；全国生态系统环境胁迫数据，主要是 2000 年、2010 年、2015 年全国建设用地、交通路网、水资源开发、化肥施用、农药使用、放牧强度等主要生态环境胁迫的信息数据集，内容包括生态环境胁迫的总面积、利用率和强度等数据，以及 2000—2010—2015 年变化情况等信息数据。②中国陆地生态系统数据库，是采用 6 级分类单位对全国陆地生态系统进行分类，并以此为基础构建的，内容包括中国陆地生态系统的分类标准、分类体系和分类结构等属性和空间分布特征，以及生态群落结构、过程和功能特征等数据集。③中国生态功能区划数据库，是中国生态功能区划研究的资料数据集和研究成果信息，内容包括中国生态功能区划方案、中国生态环境问题、中国生态系统敏感性和中国生态服务功能重要性的研究成果等数据集。④典型区域生态综合数据库，是选取了比较典型的区域生态系统的综合数据集，内容包括汶川地震生态专题子库、海河流域生态专题子库和海南岛生态专题子库等数据集。⑤中国国家保护地数据库，主要包括全国自然保护区数据、风景名胜区数据、森林公园数据、地质公园数据、湿地公园数据、水产种质资源保护区数据、水利风景区数据和世界自然遗产地数据等数据集，有的还在陆续补充完善。

陆地生态大数据的应用，为海洋生态大数据的应用提供了有益探索和借鉴。可以采用陆地生态大数据的技术标准和规范，针对海洋生态系统的特色进行拓展应用，建立海洋生态系统大数据库，或是在陆地生态系统大数据库内设立海洋生态大数据专题，将陆地生态与海洋生态系统进行统一和有机结合，完善中国生态系统数据库建设，为中国生态系统研究和开发添加海洋部分。一方面，利用海洋生态大数据对各类海洋生态资源数据进行整合，实现海洋生态资源的优化配置及合理开发。另一方面，利用海洋生态大数据不同的应用方式将有价值的信息提供给科研人员和决策部门等用户，实现海洋生态信息的传播、交流和增值，全面展现海洋生态资源和状况变化，综合揭示各种因素的关系和内在变化规律，为海洋生态建设以及社会公众提供全面、及时、准确的信息①。大数据的价值体现不在于收集海量的原始数据，而在于对数据进行深度的分析，剖析数据间的统计关系，发现数据的相关性，进而挖掘其使用价值。庞杂的海洋生态系统和生态产品，以及海洋碳汇等先进的管理理念，不仅为海洋生态积累了大量的数据，同时后续的研究、核算和开发利用也离不开海洋生态大数据的支撑，利用传统的统计分析技术，结合人工智能和云计算等大数据技术，海洋生态大数据在海洋生态系统研究、海洋生态产品和海洋碳汇等方面逐渐发挥重要作用，将成为研究、恢复和开发利用海洋生态系统的有力支撑。

第二节　海洋环境大数据

海洋环境保护是海洋经济实现可持续发展的重大保障，是海洋资源科学开发利用的前提，也是中国海洋强国战略的重要组成部分，《中华人民共和国国民经济和社会发展第十四个五年规划和

---

① 赵芬、张丽云、赵苗苗等：《生态环境大数据平台架构和技术初探》，《生态学杂志》2017年第3期。

2035 年远景目标纲要》更是正式提出了"人海和谐、合作共赢"的海洋环境保护目标。美好的海洋环境也是人类追求美好生活的一部分，尤其是全球化的今天，海洋环境保护已经成为全球可持续发展的重要内容。海洋环境问题是影响海洋经济发展的重要因素，同时随着海洋经济的快速发展，随着人类认识和开发海洋活动的日益加强，海洋经济活动也带来了各类复杂的、多边的、多样的海洋环境问题，比如海水富营养化带来的赤潮现象、围填海造成的原始岸线的损害、工业和生活污染物及废水倾倒造成的近海污染等，不断接近或突破海洋的承受能力，海洋的自洁自净能力已达极限，必须加以重视和整治。当前，海洋环境问题的起因和治理模式日益呈现多元化，海洋环境问题的整体性治理也对跨部门协作与信息化手段应用提出了更高的要求。大数据应用作为信息化的重要手段之一，在环境保护方面一直发挥着重要作用。

海洋环境大数据主要是包括各类海域海洋水体的水文信息、海水质量监测信息、海洋环境监测信息、河口港口和排污口的排污信息、海洋污染物监测信息、海洋环境灾害预报预警信息等海洋环境基本信息大数据；各类海洋灾害信息、海上溢油事件信息、海洋船舶污染信息、港口污染事件、陆源排污、海洋倾废、危险品泄漏、赤潮和浒苔等海洋环境突发事件信息大数据。

一　海洋环境基本信息大数据

中国海洋环境基本信息数据主要来源于海洋污染调查以及海洋环境监控和监测。中国最早的海洋污染调查研究开始于 1961 年，是由中国著名的海洋生物学家吴宝铃在青岛胶州湾进行的海洋有机质污染指标——多毛类小头虫的系统调查研究，该研究工作持续了 30 余年，相应成果获国家海洋局科技进步奖一等奖，也是中国海洋污染调查研究的开端。自 1972 年开始，中国开始在渤海和黄海两个海域进行近海海域大规模的污染调查，环境主管部门联合各相关部门、海洋水产部门以及大专院校和科研机构，开展了海洋环境污染调查研究和监视监控工作，并对舰船排污和港口区域水域进行了大量的监督和监视工作。1978 年由国家海洋局牵头制定了统一的"海洋污染调查规范"，确保调查取得的数据科学可用。1981 年又成立了"全国海洋环境保护测试质量控制技术组"，开展海洋环境污染调查结果质量检查工作和数据相互校准工作等，提高了海洋环境污染调查结果数据的科学性和准确性。到 1983 年，共调查了中国沿海近 38 万平方千米的海域，范围涵盖了中国黄海、渤海、东海和南海各个海域，累计检测站点 4700 多个，取得了 30 多万条数据。在开展海洋环境污染调查的同时，也展开了对陆地污染源入海的调查，通过调查基本掌握了中国沿海的污染状况。

1982 年通过的《中华人民共和国海洋环境保护法》，对海洋环境污染的调查研究和监视监测作出明文规定，促进了海洋环境污染调查和监视监测工作的开展。党的十八大以来，以生态环境部为主导的海洋环境主管部门深入贯彻习近平生态文明思想和习近平总书记关于海洋生态环境保护的重要指示批示精神，按照党中央、国务院的决策部署，坚持以海洋生态环境突出问题为导向，以海洋生态环境质量改善为核心，持续推进陆海统筹的近岸海域污染防治和重点海域综合治理攻坚战行动。每年对 1000 余个海洋环境质量国控监测点位、200 余个入海河流国控断面、400 余个污水日排放量大于或等于 100 吨的直排海污染源、30 多个海水浴场开展了水质监测，并对典型海洋生态系统开展健康状况监测，持续发布各年份中国海洋生态环境状况公报。

二　海洋环境突发事件信息大数据

海洋环境突发事件，如海上石油勘探开发溢油事件、海上船舶和港口污染事件、浒苔和赤潮等海洋灾害事件等，给中国沿海地区经济、社会和群众利益带来了巨大损失，目前已经成为影响中国海洋环境和经济发展的重要因素，也是中国海洋环境管理中需要重点应对的内容。然而由于诸多原因，中国在应对海洋环境突发事件时仍缺乏完备的法律体系和综合协调机构，应急联动机制不完善，在硬件建设和信息共享等方面存在不足①。具体表现在组织体系上，存在条块分割、部门间联动滞后情况；在领导体制上，存在权限交叉、职责不明情况；在技术手段上，存在海洋监测基础设施建设薄弱、综合应急指挥平台建设滞后情况。充分利用大数据时代海陆协同治理海洋环境突发事件的优势，构建大数据背景下海陆协同治理体系，有效结合大数据对数据信息的收集、分析能力强，与海陆协同能够有效提升应急处置效率的特点，加强海洋应急信息系统建设，建立信息技术指挥平台，能够在中国大规模开发海洋资源的背景下为处置海洋环境突发事件提供有效的支持②。

　　近年来，以自然资源部为主体的海洋防灾减灾工作主管部门，积极开展海洋观测、预警预报和风险防范等工作，沿海各级党组织、政府部门积极发挥抗灾救灾主体作用，提早部署，科学应对，极大地减轻了海洋灾害造成的人员伤亡和财产损失③。自然资源部海洋预警监测司每年都组织编制并发布《中国海洋灾害公报》，向各级政府和社会公众发布中国海洋灾害影响情况。《公报》对中国历年来海洋风暴潮灾害、海浪灾害、海冰灾害、海啸灾害、赤潮灾害、绿潮灾害等主要海洋灾害的发生过程、灾情等进行了汇总发布，并对各海域发生的海洋灾害次数、面积、损失等情况进行

---

①　吕建华、曲凤凤：《完善我国海洋环境突发事件应急联动机制的对策建议》，《行政与法》2010 年第 9 期。

②　李健、赵世卓、史浩：《考虑海洋环境突发事件的大数据海陆协同治理体系研究》，《科技管理研究》2015 年第 17 期。

③　自然资源部海洋预警监测司：《2022 年中国海洋灾害公报》，https：//www. nmdis. org. cn/hygb/zghyzhgb/2022nzghyzhgb/，2023 年 4 月 14 日。

统计。如《2022 年中国海洋灾害公报》指出，2022 年中国海洋灾害以风暴潮、海浪和赤潮灾害为主，12 次灾害过程共造成直接经济损失 241154.72 万元，死亡失踪 9 人。与 2013—2022 年相比，2022 年海洋灾害直接经济损失和死亡失踪人口均低于平均值，分别为平均值的 34% 和 23%。与 2021 年相比，2022 年海洋灾害直接经济损失和死亡失踪人口均有所下降，分别为 2021 年的 79% 和 32%[①]。

中国对年度发生的海洋环境灾害和主要海洋环境突发事件，以公报的形式进行汇总和发布，但是存在内容条目记录不连贯的情况，2017 年公报名称为《中国近岸海域环境质量公报》，记录了船舶污染事故和渔业水域污染事故等海上污染事故情况。在党的十九届三中全会审议通过《深化党和国家机构改革方案》中，明确将海域环境保护职责整合到新组建的生态环境部，2018 年公报名称修改为《中国海洋生态环境状况公报》，记录了海洋环境灾害状况（海洋赤潮和绿潮）和突发海洋污染事件状况，在之后的 2019—2021年度公报中，则仅记录了海洋赤潮和绿潮灾害发生情况。

三　海洋环境大数据应用

运用大数据构建和谐的海洋生态环境，能够为未来海洋经济与社会的可持续发展提供长远而持久的保证。以海洋生态环境数据库和实时环境监测系统为基础，构建海洋生态环境保护和治理平台，通过对沙滩、湿地、海岛等现状的综合分析和研究，尤其是海洋环境污染现状的科学评估，能够有针对性地制定解决方案，提升海洋生态环境保护和治理能力。

[①]　自然资源部海洋预警监测司：《2021 年中国海洋灾害公报》，https：//www. mee. gov. cn/hjzl/sthjzk/jagb/202305/P020230529583634743092. pdf，2022 年 4 月。

　　海洋环境大数据的应用，首先，要实现不同来源数据的有机融合。海洋环境大数据除了具有海洋大数据的一般特征外，还属于多来源、异构性数据，具有来源多、模态多、时空特征性强、高动态性和高频率更新性等特征。海洋环境大数据种类繁多，包括海洋环境在线监测数据、气象数据、污染源数据、水质监测数据等属于不同的部门和系统的数据，但是海洋环境保护治理又是一个整体性工程，需要多部门、多数据集成分析，尤其是海洋环境污染的成因分析及控制措施的制定等，都需要集成相关数据进行综合分析。从技术层面上讲，需要研究前置数据交换采集技术、数据库同步技术、服务接口接入技术、网络爬虫技术等数据采集通用技术，同时还需要研究采集目标信息分类技术，确定采集频率，选取采集方法、编译和存储采集信息等技术，针对多源多态的海洋环境大数据进行有效采集。建立大数据共享平台，也是打破信息孤岛和拆除"数据烟囱"，改变海洋环境大数据传统的条块分割局面，促进不同来源数据有机融合的有效手段。海洋环境大数据平台除了集成统一的信息资源库及数据库管理和服务功能以外，还需要规范标准的数据运营维护机制，包括数据安全标准的制定、数据质量的审核、数据的留存标准及审核、数据归档回调等机制①。除此之外，海洋环境大数据平台还应具有一定的扩展性，包括支持监测设备改进和更新、新设备的接入、新格式和新结构数据的接收、实时处理数据精度和量纲改变等，以及兼容、适用其他比如海洋生态数据库、海洋产业数据库等大数据库，实现数据的互联互通和数据库的有效拓展。

　　其次，要提供高可扩展性的数据服务。随着海洋监测设备的不断更新换代，以及海洋立体观测监测网络的不断完善，数据库系统

---

　　① 詹志明、尹文君：《环保大数据及其在环境污染防治管理创新中的应用》，《环境保护》2016 年第 6 期。

需要处理和管理的数据量也会随时间变化而以指数级不断增长，所需的数据存储空间也越来越大。传统数据库的设计一般会采用分片技术将一定范围内的数据进行优化，即将大的、长的表格数据分割为小的、短的，这种优化技术的好处是能够快速存储大量表格数据，但是当数据量暴增时，则会很快面临存储空间不足的情况，需要不断补充新的存储设备，同时也面临数据加载变慢的情况，即上个时间节点的数据尚未处理完成，下个时间节点的数据已经等待接入，造成数据读写时间变长，数据报表加载和查询速度变慢，不适合大数据使用。搭建海洋环境大数据处理平台，需要高性能、高可扩展性的数据服务，应基于大数据管理平台技术，结合 Hadoop 和 Spark 等大数据分布式处理框架和大数据处理技术来构建大数据处理平台。提供对各类海洋环境观测数据、海洋环境业务产品数据、海洋环境保护辅助数据、运行支撑管理数据等结构化、半结构化和非结构化海量数据的综合管理、存储以及数据应用支持①。同时，提供契合现有业务逻辑的数据服务，包括高性能自适应的数据访问服务、实时与历史数据统计分析功能、在线与离线数据分析能力、大数据可视化展示功能等。

最后，要构建基于认知计算和数值模型的海洋环境保护体系。以海洋环境大数据为基础，构建基于认知计算的高精度、高准确度的海洋预报系统。随着海洋资源的不断开发和海洋经济的快速发展，海洋环境污染问题日益严峻，海洋自洁自净能力减弱，陆源污染物入海后的分解速度变慢，海洋环境污染面临爆发性、集中性和复合性等局面，污染发生之后的治理和修复成本也越来越高，因此，通过运用各类预测模型对海洋环境污染进行预防和控制就显得尤为重要。但是，国内尚未见相关预报模型的研究。为了提高海洋

---

① 詹志明、尹文君：《环保大数据及其在环境污染防治管理创新中的应用》，《环境保护》2016 年第 6 期。

环境质量预报的准确度，构建基于海洋环境大数据的海洋环境质量预报系统，开展数理模型研究，克服单一模式带来的较大误差，能够充分发挥大数据的预测优势。环境质量预报模型有两种核心技术，分别是预报模型自适应参数优化技术和多模型集合预报技术。预报模型自适应参数优化技术即通过分析历史长期数值预报模型的预报结果与环境质量的历史真实数据之间的关系，寻找数值模型预报偏差的统计特征，从而自适应对模型参数进行优化，提高预报结果的准确性；多模型集合预报技术，即通过将两个或两个以上相互独立的预测结果进行组合，其预测均方根误差可以小于单个预测的均方根误差[1]。海洋环境污染和环境质量预报模型可以采取系统预报方法，从确定性预报转变为概率性预报，提高数值预报能力，提供最优集合预报结果。

---

　　[1]　詹志明、尹文君：《环保大数据及其在环境污染防治管理创新中的应用》，《环境保护》2016 年第 6 期。

第八章　智慧海洋大数据

　　计算机、网络、遥感和传感等电子信息技术的发展，加快了人类开发和进军海洋的脚步。海洋作为覆盖地球70%表面积的统一水体，其本身的水文、气象、地理、生物、矿产等信息汇聚成一个巨大的信息源，掌握和运用这些信息数据，成为人类开发利用海洋促进经济社会发展的重要手段。如何收集、开发和利用海洋信息，成为中国进军海洋需要面对的实际问题，为此中国从20世纪80年代起就开始了海洋信息化建设，作为中国信息化建设的重要内容，相继开展了"数字海洋""透明海洋"等海洋信息工程建设，"数字海洋"和"透明海洋"工程建设经过发展完善，逐步向"智慧海洋"阶段过渡。智慧化发展最早源于IBM公司提出的"智慧地球"概念，即通过"物联网"的运用，把传感器设置在各种设备和设施之中，将物理设备和设施与互联网进行连接，通过收集、分析和处理来自物理世界的设备和实施的信息数据，利用人工智能实现对人类生产和生活的智慧化控制。与智慧化相对应的概念还包括"数字孪生"等概念，是人类生产和生活进一步数字化和智慧化的状态。中国船舶工业系统工程研究院于2017年提出了中国"智慧海洋"的概念，在总结多年来各类信息体系工程集成建设的工作经验基础上，对"智慧海洋"工程进行了一个初步的定义，即"智慧海洋"

是在进一步完善现有海洋领域信息采集和信息传输体系的基础上，构建一个自主安全可控的海洋云环境作为支撑，有机整合海洋安全、海洋管控以及海洋开发活动中的相关人员、装备、信息等资源，利用大数据、人工智能等先进技术，对海洋领域的具体业务活动信息、各类活动目标信息、海洋环境信息等进行挖掘分析与融合应用，实现海洋资源共享、海洋活动协同，挖掘新需求，创造新价值，从而支撑海洋强国战略的实施①。中国工程院院士潘德炉在"2019 智慧海洋高端论坛"上提出，智慧海洋是信息与物理融合的海洋智能化技术的革命 4.0，是经略海洋的神经系统和中国海洋强国建设实施的长远战略抓手②。构建智慧海洋大数据网络体系，能够为智慧海洋建设提供有效支撑。

第一节　智慧海洋基础设施体系

智慧海洋是认识海洋、经略海洋的系统工程，是信息化与工业化融合发展的产物，是电子信息技术在海洋领域创新应用的结果。智慧海洋以海洋信息采集网络和运输体系为基础，以海洋大数据的收集、分析和应用为支撑，利用物联网、云计算、人工智能等信息技术共享海洋大数据、协同海洋活动，提高海洋开发利用能力、海洋管理能力和海洋安全能力，以实现海洋资源开发集约化、海洋综合管理智慧化、海上安全保障智能化，最终为实现国家经略海洋的战略目标提供强力支撑。智慧海洋基础设施包括陆基基站、海底建筑物、海上平台、管道和线缆，基础设施建设是智慧海洋建设的基

---

① 高晓霞：《大海洋时代呼唤"智慧海洋"——访"智慧海洋"工程首倡者中国船舶工业系统工程研究院》，《海洋与渔业》2019 年第 6 期。

② 刘川：《推进智慧海洋工程　助力海洋强国建设——"2019 智慧海洋高端论坛"在浙江舟山举行》，《中国海洋报》2019 年 12 月 20 日。

石。以数据传输为例，智慧海洋的信息覆盖范围广、地理位置空间差异较大、数据量巨大、数据传输实时和准实时要求较高，因此必须建立高质量的通信传输网络，才能实现海洋信息互联互通、共建共享①。从整个智慧海洋架构来看，无论是全国层面还是山东省层面，基础设施建设不足在各个层面都有不同程度的存在，已经制约了智慧海洋的发展。加强智慧海洋基础设施建设，是打破智慧海洋发展瓶颈的首要工作。

一　海洋活动基础设施

智慧海洋依托信息技术的发展，将海洋产业与物联网、云计算、人工智能和大数据等新一代数字技术相融合，其核心基础是海洋立体观测监测网络、联通纽带是海洋信息通信网络、神经中枢是海洋信息云计算服务平台、核心价值体现则主要是海洋信息智能化应用服务群②。其中，海洋立体观测监测网络对应的是智慧海洋的数据采集层，海洋信息通信网络对应的是数据传输层，海洋信息云计算服务平台对应的是数据存储与分析层，海洋信息智能化应用服务群对应的是数据应用层，这四个层面就构成了智慧海洋建设架构体系。智慧海洋基础设施主要是支撑海洋立体观测监测网络和海洋信息通信网络的硬件设施，即用于监测观测海洋、采集数据的设施和连接海洋设备、传输数据的设施；支撑海洋信息云计算服务平台和海洋信息智能化应用服务群的设施，主要是计算机及服务器等。随着人类工业水平的不断提高和海洋开发利用程度的不断加深，海洋活动的基础设施也从早期的陆地建筑和停泊设施，拓展到海上平台、海底建筑物、各类管道和线缆，甚至包括太空中专用的海洋卫

---

① 郭溪：《卫星互联网在智慧海洋领域的应用展望》，《电脑知识与技术》2021 年第 13 期。

② 郑婷婷：《人工智能在智慧海洋建设中的应用》，《中国海洋平台》2021 年第 5 期。

星。海洋活动的基础设施范畴越来越广，种类越来越多，设计和建造难度越来越大，逐渐趋向精细化和智能化，建设地点也逐渐由陆基转向海上、由海面转入海底、由近岸浅海转向大洋和极地。基础设施对人类海洋产业活动、海洋通信、海上能源传输等海上作业至关重要，为智慧海洋建设奠定了坚实基础。简单来讲，智慧海洋基础设施包括陆地基站、港口、海上平台和海底电缆和管道等。

　　陆地基站包括服务海洋产业活动的陆上设施和支持海洋通信的基站。作为陆生生物，陆地始终是人类进军海洋的出发点，人类开发和利用海洋资源、收集海洋能源，最终目的还是应用和服务于陆地的人类社会，也许将来人类会进驻太空、定居大洋，但至少到目前为止，陆地仍是人类各种活动的大本营。服务于智慧海洋的陆上设施，又包括陆地建筑和工程设施，主要是指用于运输的沿岸道路、岸线设施，用于海洋科学研究的实验室和试验场所以及其他陆地产业配套设施等。用于支持海洋通信的陆基基站，也是智慧海洋建设的重要内容。为了实现对近海和重要海域的通信覆盖，海洋通信不仅需要陆基或岸基等各种基站，还需要岛礁、船舶和浮标等平台。服务于海洋通信系统的陆基基站，其建设难度也大于一般的陆地通信基站。首先，在前期基站选点规划方面，针对海域覆盖场景要求，需要结合电磁波传播模型进行估算。尽管在海面，电磁波传播几乎没有阻挡，但受到地球曲面和海水的影响，也会存在传播盲区，需要大量的视距分析。其次，电磁波损耗问题，不仅要考虑自然衰减，还要考虑海面对电磁波的吸收以及球面绕射等造成的损耗问题。最后，还要考虑风力和海浪对通信的影响等问题。随着 5G 网络在陆地的普及，"5G ＋ 智慧海洋"也在逐步开展建设，5G 网络不仅可以为海洋监管等业务提供高效稳定可靠的信号支撑，还能够为深海网箱养殖作业提供信息数据和视频传输，为智慧海洋建设提供坚实的网络基础。港口和船坞以及其他水边设施在智慧海洋建设中扮演着关键角色。随着科技的进步，海上船只和海上设施的体积越来越庞大，需要更深的码头和更坚固的岸壁，用来容纳更大型的船舶和起重机。码头和港口是水陆联动、供船舶进出和停泊的地方，按用途可分为商用港口、军港、渔港和避风港等。船坞主要用于修造船舶的水工建筑物，一般布置在修造船厂内。海上平台包括海上养殖平台、石油勘探和钻井平台、海上风电等海上建筑物。海上平台的兴起使得人类进军海洋的领域从沙滩浅海深入大洋深海，从赤道到南北极，理论上能够实现对全球海洋资源全方位的开发和利用。海上平台包括固定式和浮式，固定式海上平台一般设在浅海，由桩、绷绳和平台自身重力固定在海底之上。浮式海上平台则是漂浮在海面之上，包括可以迁移的活动平台和不可迁移的平台，活动平台目前又分为坐底式、自升式、半潜式和船式 4 种。海上平台不仅应用在海洋科学研究、海水养殖、油气勘探开采、海上风电等海洋科学研究和产业经济活动中，还具有较高的军事应用价值，在维护海洋权益方面具有重要作用。海底电缆是采用绝缘的材料包裹铺设在海底的电缆，分为海底通信电缆和海底电力电缆。世界上第一条海底电缆是 1850 年在英国和法国之间的海峡海底铺设的。中国在 1988 年成功铺设两条海底电缆，分别位于福州川石岛和台湾沪尾之间以及台南安平和澎湖之间，总长 230 海里。海底通信电缆铺设费用昂贵，但具有很高的保密度，多用于远距离通信网以及长距离海岛之间，跨海军事设施等国防军事场合也会用到。

二 海洋信息通信网络设施

海洋信息通信网络的建设，一方面保证海洋信息数据安全、畅通地传输，实现全面及时的共享。另一方面通过物联网技术，将海洋事务的方方面面连接起来，满足海洋活动的主体需求。因此，构建海洋通信综合保障体系，加快海洋信息通信网络基础设施建设，提升海洋通信服务水平，是智慧海洋建设的基石。

目前，海洋信息通信网络基本实现了全球海洋的全覆盖，通信方式以岸基移动通信、海上无线通信、卫星通信和海底光缆通信为主。岸基移动通信网以公共陆地移动网络即公网为主，依托陆地上的 2G、3G、4G、5G 等移动通信网络实现，由运营商建设提供，覆盖近海约 50 千米的范围，能够满足基本的语音和数据传输等通信业务，是近海海域的主要通信手段。岸基移动通信稳定可靠，有效覆盖了近海生产、旅游、监管和应急等智慧海洋应用场景。随着 5G 网络在近海区域的推广应用，将为智慧海洋提供更加高效便利的大宽带、大容量、低延时通信服务。但是近海建设和维护成本高、利用率和短期收益率低等问题也导致运营商投资建设基站的意愿低，同时也无法覆盖中远海区域。海上无线通信主要采用中高频以及甚高频实现近海和中远海海域的覆盖，常见的通信方式见表 8-1。目前中国多采用奈伏泰斯（NAVTEX，navigational telex）系统和船舶自动识别系统（AIS，automatic identification system），能够支持语音和数据传输，但是通信传输质量易受外界环境因素影响，可靠性不高。

表 8-1　　　　　　中国常见的海上无线通信系统①

系统	通信方式	业务	传输速率	通信距离
NAVTEX	中频通信（518kHz）	NBDP	50bps	250—400 海里
MF/HF	中/高频通信（1650—27500kHz）	话音、NBDP、DSC	—	中远距离
VHF	甚高频通信（156.0—174.0MHz）	话音、DSC	1.2kbps	视距
AIS	甚高频通信（156.025—162.025MHz）	船舶识别与监视	9.6kbps	视距

卫星通信是目前全球海洋最主要的通信方式，在智慧海洋通信

① 高建文、肖双爱、虞志刚等：《面向海洋全方位综合感知的一体化通信网络》，《中国电子科学研究院学报》2020 年第 4 期。

网络中承担重要的角色。常用的通信卫星类型有 VSAT（Very Small Aperture Terminal）、海事卫星（Inmarsat）、宽带通信卫星、铱星（Iridium）等。VSAT 卫星通信系统主要利用 C 频段或 Ku 频段同步卫星转发器，提供单向或双向的语音、数据、图像等通信业务，通信速率为 2—4Mbit/s。宽带通信卫星，又称为高通量卫星（HTS, High Throughput Satellite），是基于 Ka 频段以及多点波束技术的运用，可实现超过 12Mbit/s 的通信速率①。海事卫星系统和铱星系统是在全球海洋卫星通信系统中应用最为广泛的卫星通信系统。海事卫星系统采用 L、Ka 两个波段提供覆盖海、陆、空全方位的高速卫星通信网络，第五代海事卫星系统最高可支持 100Mbit/s 的下行速率和 5Mbit/s 的上行速率。铱星系统是由美国建设的卫星移动通信系统，可提供速率为 100kbps 的全球移动卫星通信服务，第二代铱星系统（Iridium Next），最高支持 1.5Mbit/s 的移动通信和 30Mbit/s 的宽带通信②。中国海洋卫星通信系统在近年来也有了长足的发展，2016 年发射了首颗移动通信卫星"天通一号"，实现了对中国领海及周边海域的全面覆盖，最高支持 384Kbit/s 的移动通信，2017 年发射了首颗高通量卫星"中星 16"，覆盖了对中国近海 300 千米海域，最高支持 150Mbit/s 的宽带通信。海洋卫星通信存在现有卫星数量较少、单星覆盖范围有限、使用费用昂贵等问题，同时受限于中国卫星发展水平，当前在很大程度上仍依赖国外卫星系统，存在数据安全隐患。

以海底光缆形式连接的有线通信在海岛与大陆、海岛与海岛之间能够实现高速、可靠的信息通信。海底光缆通信系统具有通信速率高、数据容量大、传输可靠性高、信号抗干扰能力强、数据保密

---

① 郭溪：《卫星互联网在智慧海洋领域的应用展望》，《电脑知识与技术》2021 年第 13 期。
② 王权、刘清波、王悦等：《天基通信系统在智慧海洋中的应用研究》，《航天器工程》2019 年第 2 期。

性能好等优势。无中继海底光缆的传输距离最长可达 600—700 千米，如果采用有中继海底光缆，通过海底中继器的连接，通信传输距离可达上万千米甚至在理论上可以遍布全球海洋。但是，海底光缆在国内的市场需求较小、应用场景少，同时因其需要设计复杂的供电系统，成本较高，海底光缆在智慧海洋信息通信领域的应用仍面临巨大挑战。

　　物联网技术是智慧海洋发展的关键技术。物联网的核心仍然是互联网，是在互联网基础上的延伸和拓展，是通过传感器将物与物进行相互联通和控制的互联网络。物联网突破了互联网主机和用户端计算机的限制，将其末端延伸和扩展到任何物体之上，使得物体与计算机、物体与物体之间都能够进行信息收集、交换和通信。具体而言，物联网是通过射频识别技术（RFID）、功能传感器、全球定位系统、激光扫描器等信息传感设备，按约定的协议，把物体与互联网连接起来，进行物体与网络之间的信息交换和通信，以实现物体智能识别、定位、跟踪、监控和管理的一种信息网络①。海洋物联网技术包括射频识别技术、无线传感技术、智能嵌入技术和纳米技术。许多部门建立了以海洋地理信息系统为平台的海洋时空大数据仓库，在数据仓库中，运用多环境模态建立深度学习模型，进而构建多层次的实时决策预警系统②。例如，"港珠澳大桥岛隧工程海洋环境预报保障系统"利用海洋时空大数据和云计算服务平台技术，为港珠澳大桥的顺利完工提供了准确的海洋环境预报的保障。北京航天泰坦科技股份有限公司结合海洋物联网、海洋大数据以及海洋云计算，将海洋综合资源、海洋装备与智能新技术相结合

---

　　① 王恩辰、韩立民：《浅析智慧海洋牧场的概念、特征及体系架构》，《中国渔业经济》2015 年第 2 期。

　　② Sullivan, C. M., Conway, F. D. L., Pomeroy, C., et al., "Combining Geographic Information Systems and Ethnography to Better Understand and Plan Ocean Space Use", *Applied Geography*, Vol. 59, 2015, pp. 70 – 77.

来实现海洋的经济发展、生态保护以及减灾防灾等方面的技术支持和服务保障，从而加强在海量数据共享、知识分析与决策等技术领域的应用。2019 年，蚂蚁金服的数据库 Ocean-Base 打破了数据库基准性能测试的纪录。美国国家海洋与大气管理局（NOAA）计划在 2023 年推出 WoF 系统（Warn-on-Forecast），为美国及其近海域提供精细化的天气预报和灾害系统[①]。烟台中集蓝海洋科技有限公司利用"长鲸一号"平台，通过物联网等智慧海洋技术实现了实时监测反馈海洋水文信息数据，在网箱养殖方面实现了自动化智能作业，包括自动投饵、清洗网箱、提升网衣等[②]。

三 智慧海洋基础设施体系构建——以山东省为例

山东省智慧海洋基础设施建设得益于全省高标准、高质量的数字基建，在全国处于领先的地位。数字基建不同于传统经济时代的高铁、高速公路、机场和港口等基础设施建设，而是在新一轮信息革命引领下的，以服务公共治理、经济生产和居民生活而提供的数字化公共服务基础性平台设施，包括 5G、数据中心、云计算、人工智能、物联网和区块链等新一代信息技术，以及基于上述数字信息技术而产生的购物、娱乐、出行、政务等各类数字服务平台，这些构成了数字产业化、产业数字化和数字政务的基础设施。智慧海洋是数字经济"智慧＋"海洋事务应用的重要场景，智慧海洋建设工程直接受到数字基建水平影响。

在"十三五"时期，山东省数字经济发展成绩显著，数字经济总量 3 万多亿元，占 GDP 总量的 40％以上。数字基础设施建设不

---

① 钱程程、陈戈：《海洋大数据科学发展现状与展望》，《中国科学院院刊》2018 年第 8 期。

② 张雪薇、韩震、周玮辰等：《智慧海洋技术研究综述》，《遥感信息》2020 年第 4 期。

断升级，"宽带山东"战略深入实施，在全省城区及行政村庄覆盖光纤和4G网络。积极抢占5G发展机遇，全省16个地市均已开展5G网络建设并实现城区5G网络全覆盖，全省137个县（市、区）实现主城区连续覆盖，截至2020年9月，全省累计建设5G基站51万个，基站数量占全国的十分之一。数据中心建设不断推进，建成约150万个标准机柜，建成了国家超级计算机济南中心、青岛海洋超算中心，积极打造以"网、云、端"为代表的全国信息基础设施先行区。率先开通全球首个商用"量子通信专网"，信息基础设施建设和信息安全水平居省会城市第一位①。交通、能源、水利、市政等传统基础设施数字化改造全面推进，其中青岛港集装箱装卸智能化水平领先全国②。积极推进智慧交通、数字水利、能源互联网、智慧海洋和市政基础设施数字化，探索新型智慧城市建设。通过大数据、云计算、人工智能等信息技术推进城市治理水平现代化，以"智慧＋"打造全国融合基础设施示范区。

"海上山东""山东半岛蓝色经济区""透明海洋""数字海洋"等战略的实施，为山东省海洋强省建设打下了坚实的基础。其中，智慧海洋基础设施建设，在全国沿海省份中，山东省一直处于领先水平。具体表现在以下两个方面。

一是5G入海，打造黄渤海一体化双千兆海洋信息通信网络。通过对海岸线及近海和中远海域的5G覆盖进行统一规划，坚持创新驱动和陆海统筹，基于F5G技术和5G海面超远覆盖技术，建成了有线和无线相协调的黄渤海一体化双千兆的连续覆盖、低延时、高宽带的5G海洋信息通信网络。2021年9月，山东联通完成全国首个5G基于2.1GHz的海面超远覆盖试点，基本实现了5G海面超

---

① 《数字强省｜发力数字基建，这是山东的打算》，https：//www.jiemian.com/article/6459465.html，2021年8月9日。

② 山东省工业和信息化厅：《山东省"十四五"数字强省建设规划》，http：//www.shandong.gov.cn/art/2021/8/25/art_100623_39014.html，2021年7月17日。

远距离的高速率数据传输，在距海岸线 48 千米处的实测下载数据传输速率达到 91.8Mbps，54 千米极限距离的 5G 网络仍然可用，目前已启动 2 批 49 个基站建设，逐步实现沿海 7 个地市的全海岸带覆盖①。"5G + 智慧港口""5G + 智慧渔港"等项目也相继在青岛港、芝罘港等地开展。5G + 智能集成管理平台为青岛港智能航行、智能机舱和智能能耗管理提供支持。"5G + 智慧渔港"综合信息服务平台在芝罘渔港的应用，实现了船舶动态监管、渔港视频监控、雷达视频联动、AIS 船舶识别等多个子系统的基础数据的互联互通，对港区渔港、渔船、人员等信息进行全天时、全天候、全方位的监测，对监测数据进行实时分析处理，结合高清远视距与日夜视频成像等功能，对目标进行研判和持续跟踪并可与相关动态监管平台无缝对接，极大地提升了渔业监管部门的海洋综合执法能力。

二是数据出海，海洋产业数字化动能不断提升。山东省是海洋科技力量集聚省份，目前山东省承担了全国近半数重大海洋科技工程，拥有省级以上涉海科研院所 50 余家，拥有全国近一半的海洋科技人才和全国 1/3 的海洋领域院士，占据中国海洋科技的"半壁江山"。依托海洋科技力量，山东省已初步形成海洋大数据中心和海洋大数据产业集群。并依托涉海数据资源库开发出海洋环境监测、预报减灾、海洋渔业、远洋运输等领域大数据产品。山东省智能船舶、智能海洋传感器、无人航行器、智能观测机器人等智能海洋装备制造水平领先全国。而作为山东省海洋信息化产业的重要区域，青岛市在相关领域也涌现出一批高成长企业。例如青岛励图高科信息技术有限公司作为海洋信息化产业的引领者，长期专注于智慧海洋领域的整体信息化解决方案、软硬件系统开发等，并擅长地理信息系统、遥感系统、全球定位系统与北斗导航系统、三维可视

---

① 《山东联通助力经略海洋战略　赋能智慧海洋》，http：//sd.people.com.cn/n2/2022/0419/c386785_ 35230482.html，2022 年 4 月 20 日。

化制作与虚拟现实、大数据与云计算五大核心技术的研发。位于青岛蓝谷的山东易华录信息技术有限公司，近年来瞄准青岛占据海洋大数据发展制高点的有利时机，积极打造海洋大数据国家示范平台。青岛地球软件技术有限公司研发的"全球海洋环境大数据平台"成功入选山东省工业和信息化厅发布的第二批软件产业高质量发展重点项目名单。山东省在全国率先开展现代化海洋牧场建设综合试点，国家级海洋牧场示范区数量占全国近40%，中国首座大型全潜式深海智能渔业养殖装备"深蓝1号"、中国首座深远海智能化坐底式网箱"长鲸1号"相继启用，山东省智慧海洋牧场建设初见成效。

山东省智慧海洋工程基础设施建设仍存在一些突出的问题。一是海洋信息网络基础设施发展水平不高，沿岸、浅海和中远海基础设施建设相对缓慢，对智慧海洋的支撑和驱动作用尚未充分体现；二是智慧海洋工程母港建设不足，尽管山东省港口颇多，但是缺少专业海洋工程建设母港，如海上风电、海洋牧场、海上油气勘探和开采平台等海上平台建设母港；三是智慧海洋装备技术国产化程度不高，存在"卡脖子"技术，亟待创新突破；四是数字化治理水平不高，海洋大数据分析应用不够，缺少大数据辅助决策和精准治理机制；五是缺乏专业智慧海洋建设人才。

四　加快智慧海洋基础设施建设的对策与建议

一是依靠数字新基建，提升智慧海洋数字基建水平。目前，中央多次强调加快推进新型基础设施建设，相比其他类型"新型基建"，新型数字基础设施建设突出的特点在于立足当前世界科技发展前沿的数字化体系。新型数字基础设施既涵盖了传感终端、5G网络、大数据中心、工业互联网等，也包括利用物联网、边缘计算、人工智能等新一代信息技术，对交通、能源、生态、工业等传统基础设施进行数字化、网络化、智能化改造升级①。推进数字新基建，不仅能够完善数字基础设施建设，通过新技术和新手段的产业化应用，还能催生大量新业态和新模式，带动作用明显。海洋立体观测监测网络、海洋信息通信网络、海底数据中心、海底光纤电缆等智慧海洋基础设施建设，能够促进海洋装备制造业技术的改造和设备更新升级，带动新型服务业和新型产业经济的发展。

二是集中力量突破关键核心技术，推进智慧海洋信息技术和装备国产化。加大投入，加强海洋信息感知技术装备、新型智能海洋传感器、智能浮标潜标、无人航行器、智能观测机器人、无人观测艇、载人潜水器、深水滑翔机等高技术装备研发。加快突破"卡脖子"技术，以"揭榜挂帅"、技术储备等方式，提升技术和装备制造自主水平。建设高水平、一体化的智慧海洋科技综合试验场，构建智慧海洋数字孪生系统。加快建设海洋智能超算平台，打造国家级分布式超算中心。

三是做好统筹规划和风险防控，实现智慧海洋基础设施建设资源市场化配置。智慧海洋基础设施建设覆盖业务范围广，不仅涉及海洋产业发展的方方面面，还涉及保护海洋治理、涉海服务等各个领域，需要以系统性思维和工程体系建设方法来指导进行，做好具有针对性、可操作性强的顶层设计和建设规划，明确基础设施建设重点和先后顺序，加强与陆地及现有智慧海洋基础设施的衔接，将智慧海洋基础设施建设放到全省经济和社会发展全局之中考虑。智慧海洋基础设施建设科技含量高、投资周期长、风险大，要创新投资建设模式，注重引入社会资本，发挥市场的主体作用，加强资源整合和共建共享，提高基础设施建设资源要素配置效率。做好风险防控工作，智慧海洋基础设施建设的目的是促进海洋经济高质量发展，服务沿海地区人民、提升其生活幸福感。要坚持经济效益和生态效益优先，做好基建项目的技术和经济可行性分析，做好经济成

---

① 高升：《加快建设新型数字基础设施》，《经济日报》2020年5月11日第3版。

本收益和生态成本评估，确保投资风险和成本可控。避免项目重复建设带来的产能过剩和无效投资带来的资源浪费现象，加强基建项目实施过程中的监管和评估。

第二节 智慧海洋技术装备

技术装备是智慧海洋工程建设中体现"智慧"的一面，也是长期制约海洋产业向高端化、高附加值化发展的主要方面之一。过去中国技术装备制造主要依赖"技术引进—消化吸收—再创新"的发展策略，尽管短期内取得了长足的进步，但也造成了缺乏关键领域核心技术、科技储备和研发能力相对不足的局面，很难把握颠覆性技术发展的机会。核心技术和关键共性技术，以及原创性成果的不足导致中国某些领域长期处在欧美国家的技术垄断之下，海洋领域就存在很多"卡脖子"的技术亟待突破，在一定程度上阻碍了智慧海洋技术装备国产化发展的进程。

一 智慧海洋技术装备发展现状

核心技术和关键共性技术已经成为推动海洋经济高质量发展的重要保障，是智慧海洋技术装备发展的关键。世界海洋强国仍掌握关键核心技术，占据产业链上游。在技术相对集中的海洋装备制造、海洋化工和海洋生物医药等领域，海洋产业发展国家无一不重视核心技术的研发。如在海洋装备制造方面，欧美国家在海洋工程装备技术含量最高的设计领域占据垄断地位，中国企业则主要以浅海装备制造为主，附加值低。尽管中国船舶工业三大指标稳居全球第一，但多以原油船、集装箱船和散货船等常规船舶制造为主，技术含量相对较低。而在海洋化工领域，中国在关键部件如反渗透膜组件、耐腐蚀低能耗高压泵、能量回收装置、系统集成技术等主要依赖进口，能参与国内外竞争的龙头企业不多。在海洋信息工程领域，美国、加拿大、日本、欧盟等海洋经济强国已基本实现海洋信息智能感知、智能分析和智能决策的系统化建设，而中国的海洋信息建设发展不均衡，海洋信息智能感知发展严重滞后。

高额海洋科技研发投入维系海洋强国科技强国地位。以美国为主的世界海洋强国在海洋核心技术、科技产出、技术市场布局等方面均处于领先地位，其中在领跑技术方面，美国共 138 项、日本 50 项、英国 24 项、德国 21 项，均高于中国的 19 项。所有高科技成果的取得得益于高强度的科技研发投入。例如在海洋生物制品领域，走在前列的美国、日本等国已将海洋药物开发列为构建国家战略性新兴产业的重大计划，并投入了高额的科技研发资本作为有力支撑。如美国国家癌症研究所等机构每年用于海洋药物开发研究的经费均达 5000 多万美元；日本海洋生物技术研究院及日本海洋科学技术中心每年用于海洋药物开发研究的经费为 1 亿多美元[1]。在这种局面下，全球海洋产业核心竞争要素已发生重大变化，传统制造的要素成本优势正在消失，关键要素已从硬实力转向软实力，产业发展重心由追求速度转向追求质量效益。在海洋生物制品领域，新资源的发现、挖掘与创新药物、产品的重点开发是海洋药物研发的主要走向。社会资本的深度介入，特别是金融资本、大企业的积极参与，将极大促进海洋医药产业的发展，企业将成为海洋药物研发的主体。在海洋新材料方面，高性能、低成本及绿色化是未来的发展趋势，也是未来市场的竞争所在。在海洋信息工程领域，构建"透明海洋"，提升"海洋数据获取与信息提供能力"的软实力成为发展前沿，不断推进海洋信息科学向系统化、综合化和全球化方向发展。

山东省海洋产业协同创新模式涌现，产业链不断完善，但产业

---

① 刘明：《我国海洋高技术产业的金融支持研究》，《中国科技投资》2011 年第 3 期。

链上下游缺乏整体创新联动。山东省海洋产业门类齐全，横跨第一、第二、第三产业，共有 34 个行业大类、450 个小类，建立了从基础研究到产业化完善的创新链条，初步形成了协同创新模式。如在海洋装备制造领域，山东省建有青岛国家海洋设备质量检验中心、山东船舶技术研究院、中集海洋工程研究院等研究、制造、检测、服务机构，具备完整的产业链条。但受制于各单位各自为政，尚未形成上下游产业链整体联动的发展模式，存在有问题无方案、有技术无应用、多家单位重复研发等问题。部分海洋产业在全国处于优势地位，但发展质量和规模有待提升，仍具有较大发展空间。例如在海洋生物制品领域，山东省目前已形成了以海洋创新药物、海洋生物医用材料、海洋功能食品、海洋生物农用制品为主的产业体系；在海水淡化领域，山东海水淡化规模居全国第一，海水淡化先进设备制造基础较好，以青岛、烟台、威海为主体的海水淡化产业集群已初见雏形；海洋信息工程领域，山东省不断强化国家级海洋数据中心建设，软硬件规模、规范化管理程度等方面均处于国内领先水平，尤其在智能海洋牧场、智能船舶、智慧港口等方面取得广泛应用。但山东省新兴产业规模偏小，核心技术装备开发不足，尤其是在海洋信息工程等领域，仅 8% 的国产核心装备达到国际先进水平，22% 的国产核心装备与国际先进水平差距为 5 年，其余国产装备差距在 5—20 年。尤其是在信息感知装备方面，缺乏自主研制和生产能力，核心技术、关键零部件和整机装备大部分依赖进口和国外配套，对未来山东省海洋信息化发展造成不利影响[1]。

二　智慧海洋"卡脖子"技术装备分析

智慧海洋技术装备的"卡脖子"方面，主要集中在核心组件与

---

[1]　程骏超、何中文：《我国海洋信息化发展现状分析及展望》，《海洋开发与管理》2017 年第 2 期。

关键零部件、关键核心技术和关键性基础原材料等。

一是核心组件与关键零部件对外依存度高。核心组件和关键零部件是制约产业向高端价值链发展的关键，山东省大部分企业处于组装、加工等价值链低端环节，缺乏核心组件和关键零部件设计制造能力。例如船用发动机是船舶的"心脏"，山东省有中国船舶重工集团柴油机有限公司、潍柴集团等船用发动机制造和配套企业，但在船用低速机领域，由于不掌握核心技术，目前只能以专利许可的方式进行生产，在船用低速机重要零部件方面，也是以专利许可制造为主，需要大量进口电控系统、燃油系统、增压器、轴瓦、活塞环等零部件，部分零部件受制于材料、技术保护以及专利限制等因素影响，存在依赖进口的现象；另有部分零部件国内具备生产制造能力，但在质量、验证、认可等方面需要持续推进；在海上风电领域，尽管山东省海上风电设备和装备已实现80%的国产化，但高端原件和关键零部件如风机主轴轴承和增速器轴承等技术含量较高，基本依靠进口；在海水淡化领域也是如此，山东省海水淡化规模居全国第一，但是海水淡化核心器件包括反渗透技术涉及的反渗透膜组件、海水高压泵和能量回收装置以及低温多效涉及的热蒸汽压缩机、机械蒸汽压缩机和降膜蒸发器等，因上下游产业的制约，依赖进口严重。

二是关键核心技术突破大部分处于技术链下游。目前，山东省海洋技术装备在一些核心技术上已经取得了突破，但仍呈点状分布且处于技术链的后端，没有形成完整的技术链。例如在海水养殖领域，山东海洋牧场建设全国领跑，目前，省级以上海洋牧场示范区（项目）达到105处，其中国家级44处，稳居全国首位[①]。在深远海智能养殖装备平台建造方面，山东省中集来福士海洋工程有限公

---

① 张婧一、李秀启：《从审计视角探讨山东省海洋牧场资产管理和监管体制建设》，《乡村论丛》2022年第1期。

司、青岛武船重工有限公司建造了"JOSTEIN ALBERT""深蓝1号"等多个先进的养殖平台，取得了多项技术突破和工艺改善，但在海洋牧场综合体平台设计、建造方面，与挪威等国相比，一系列关键科学和技术问题仍然落后，形成"挪威设计＋欧洲关键配套＋中国总装建造"产业格局，导致山东省在此方面一直在产业技术下游进行摸索和突破。在海洋信息工程领域，山东省是第一个提出智慧海洋突破行动的大省，制约海洋信息产业发展的问题大多涉及海洋核心传感器与高端仪器的核心算法，通过核心算法可将敏感材料、关键器件、结构设计、电子电路等各个部分进行整合，达到整体性能的最优化，但在核心算法方面与国外先进水平差距巨大。具体到单个传感器，水声通信机是实现水下信息传输的重要产品，但在理论研究方面仍滞后于美国等发达国家；电化学分析法重金属分析仪在微弱信号的检测及提取技术、重金属离子解析技术、重叠峰的解析技术、电极表面修饰技术等核心算法上仍不成熟；大气温湿度剖面仪在高精度 GNSS 信号特征提取、观测平台运动姿态补偿修正、大气温湿度剖面反演算法等方面还有待突破。"关键核心技术是要不来、买不来、讨不来的"，外方为保护其在技术上的控制权，一般只转让外围技术，中方很难接近核心技术。同时一旦中国取得技术突破，外方往往会采取价格打压战略遏制中国产业的发展。因此，提升核心技术突破的层次，完善技术链体系，仍是山东省海洋技术装备发展的关键。

三是关键性基础原材料受制于人。关键性基础原材料受制于人并不是海洋领域面临的问题，而是全行业普遍面临的问题，根据工业和信息化部对全国 30 多家大型企业进行的 130 多项关键基础材料的调查结果，中国关键基础材料仍有 32% 为空白，52% 依赖进口。海洋领域关键性基础原材料受限主要表现在以下两个方面。一是应用规模不大，经济效益与巨额投入相差较大。如海洋核心传感器与高端仪器领域，所涉及的敏感材料种类较多，如电子式温湿度传感器所使用的高分子聚合物薄膜材料、电极式温盐传感器所使用的专用铂电极材料、抛弃式海流计（XCP）所使用的低噪声 Agcl 多孔电极材料、固态电极 pH 传感器使用的氢离子敏感材料、水声换能器的压电陶瓷材料等。当前，大多数国产敏感材料的性能与国外先进水平差距较大，难以满足海洋核心传感器与高端仪器的性能需求，然而有限的市场规模又难以承担巨额的原材料研发费用。二是高端原材料、专有原料方面，目前国内没有相应替代产品。如新能源装备叶片芯材轻木，国内受气候环境限制无法种植，对进口依赖程度高达 100%。另外，由于国内制造能力有限，部分高端化工材料高度依赖国外市场。如，叶片芯材 PVC 泡沫原板高度依赖意大利。原材料的缺乏和制造工艺的不达标，使得国产原材料无法达到使用要求，在一定程度上限制了山东省海洋技术装备的发展。要解决这一问题，需要强化上中下游产业链的协同合作攻关，同时加大政府扶持力度，加大关键性基础原材料储备和研发力度。

三 加快智慧海洋技术装备国产化的对策与建议

欧美等国家长期在海洋工程装备技术含量最高的设计领域占据垄断地位，主要靠的就是核心和关键共性技术的垄断。只有加强原创性、引领性技术攻关，才能真正实现智慧海洋技术装备国产化。正如习近平总书记在 2022 年 4 月 10 日至 13 日在海南考察时指出，建设海洋强国是实现中华民族伟大复兴的重大战略任务①。要推动海洋科技实现高水平自立自强，加强原创性、引领性科技攻关，把装备制造牢牢抓在自己手里。

一是培育龙头企业，建立产业集群。龙头企业对同行业的其他

① 《习近平在海南考察时强调解放思想开拓创新团结奋斗攻坚克难 加快建设具有世界影响力的中国特色自由贸易港》，人民网，www. politics. people. com. cn/n1/2022/0413/c1024-32398474. html，2022 年 4 月 13 日。

企业具有一定的影响力、号召力和示范引领作用，能够有效地带动产业转型升级、推动实现高质量发展。根据工信部数据，新冠疫情期间92家龙头企业带动了上下游40余万家中小企业复工复产。党的十九大报告指出，促进我国产业迈向全球价值链中高端，培育若干世界级先进制造业集群。而培育世界级先进制造业集群，在全球形成竞争优势，需要龙头企业的带动。山东省海洋技术装备制造基础雄厚、门类齐全，针对新兴产业规模偏小、产业链发展不完善的问题，应注重甄选和培育行业龙头企业，发挥行业龙头企业的引领作用，形成以龙头企业为主干、以中小微企业为枝叶的梯队协同、优势互补的海洋技术装备制造产业集群。

二是开展联合攻关，培育产业发展。建立"研究机构＋企业＋地方政府"三方联合攻关模式。研究机构主要负责关键核心技术攻关，企业负责工程化和产品化开发，政府给予配套支持，共同推动技术攻关、产品研制和应用示范推广一体化。特别重视建设高水平试验测试平台，将关键技术突破、样品规模商用和产业生态培育紧密结合，重视培育核心产品与技术的稳定性和可靠性，不断驱动关键核心技术的商用突破进展，在重大关键产品领域建设公共测试验证平台。注重培育以行业龙头为核心的产业生态，支持中小微企业深度融入产品链和创新链，调动高校院所等科研单位的积极性，发挥各类创新平台和孵化器的作用，引入创投机构、银行等金融资源，通过灵活多样的形式，全力营造良好的产业生态，形成政府给引导资金、大企业给资源、孵化器给场地、金融机构给投资的产业创新闭环生态，减少创新链和产业链对境外资源的依赖。针对海洋技术装备制造受制于上下游产业链发展不强的窘境，强化上下游产业链协同发展生态的构建。以组建行业联盟、创新创业共同体等形式将涵盖人才培养、基础研究、应用研究、共性关键技术研究、工程技术研发、产品测试、成果转化、生产制造全链条、开放式闭环创新发展生态与产业生态结合起来，加速山东省海洋技术装备制造国产化进程。

三是创新资本投资，发挥市场引领。根据研究项目的不同，建立不同的资金补助制度，如以成果转化、工程化和产业化为目标的研究项目，和具有可量化考核指标的研究开发类项目，探索建立海洋研究项目事前立项事后补助制度，即高校、研究院所和企业可根据科技计划或专项项目指南，结合自身研发基础及发展需要提出申请，在按照相关程序完成立项后，单位先行投入资金开展研究开发活动，待取得成果并通过验收后给予相应的补助。对已经取得的成果，尤其是已经转化的科研成果，也可以采用后期资助的方式予以立项。对于取得良好社会效益和经济效益的已经转化和产业化的科研成果，给予追加补助的方式予以立项。在评估科研成果和项目结项时，加大成果转化和产业化的评分比重，鼓励应用型研究。同时，在技术开发类项目中试行财政资金跟投制度。充分信任市场的判断，引入社会资本，项目在取得风投支持后，财政资金采用跟投的方式对项目进行支持。通过以上方式可以把企业投资和社会资本引入创新链各个环节，使产品研发与成果转化深度融合、同步推进，真正实现项目自开始研发就意味着成果进入转化实施阶段，形成"产品研发—成果转化—企业培育"滚动式资金支持新模式，有效确保研发和成果转化无缝链接。在突破核心技术和关键共性技术的基础上，推动山东省海洋技术装备制造的国产化。

四是破除体制障碍，发挥国企作用。针对海洋技术装备国产化过程中出现的问题，建议参照《关于促进首台（套）重大技术装备示范应用的意见》，联合省内相关部门研究出台海洋产业创新链条风险点国产化替代激励政策，破除体制机制障碍，发挥国有企业作用，鼓励企业负责人敢于尝试应用国产零部件，对自主研发突破"卡脖子"技术，替代效果好的成果给予奖励。同时结合产业基础、行业特点研究制定保险补偿政策，创新险种，扩大承保范围，降低企业采用国产化替代产品可能产生的风险损失。习近平总书记 2020 年 9 月 11 日在科学家座谈会上的重要讲话中明确指出："我国面临的很多'卡脖子'技术问题，根子是基础理论研究跟不上。"① 因此在支持应用技术研究、关键共性技术研究等基础上，还要保持一定比例的基础研究。基础研究和应用研究齐头并进，才能创造突破颠覆性技术的机会，实现海洋技术装备的国产化。

第三节　智慧海洋大数据网络体系

智慧海洋大数据网络体系主要包括海洋信息云计算服务平台和海洋信息智能化应用服务群。海洋信息云计算服务平台从技术上为智慧海洋大数据应用提供保障，海洋信息智能化应用服务群则是智慧海洋大数据网络体系的前端和客户端，二者的集成和功能以及智慧海洋大数据网络体系的输出端，则主要是由海洋大数据平台来完成。

一　海洋信息云计算服务平台

云计算技术和大数据挖掘技术是智慧海洋的神经中枢。云计算（Cloud Computing）是早期分布式计算的一种进化形式，通过网络"云"将巨大的数据计算处理任务程序分解成无数个小任务程序，然后通过多部服务器组成的系统分布进行单独的处理和分析，最后将得到的这些小程序分析结果整合成为一个结果并返回给用户，能够实现同时、快速处理大数据任务的目的。简单来说就是分发任务然后将计算结果合并，在很短的时间内就能完成数以万计数据的处

---

① 习近平：《在科学家座谈会上的讲话》，人民出版社 2020 年版，第 7 页。

理。现阶段云计算和云服务已经远远突破了分布式计算的形式，演变成包含分布式计算、效用计算、负载均衡、并行计算、网络存储、热备份冗杂、虚拟化等计算机技术的服务①。换言之，云计算通过网络提供快速、高算力、安全可靠的计算和数据分析服务，使得用户在不需要购置硬件或者开发软件的情况下，就能够使用庞大的计算和数据资源。云计算具有很强的扩展性，能够让用户通过网络获取近乎无限的算力和信息资源，并且不再受到空间和时间、硬件和软件的限制。智慧海洋建设所产生和需要的海洋大数据，会产生巨量的数据存储与计算的需求，云计算成为解决这一需求的最佳方案。互联网数据中心（IDC）厂商为之提供基础的机房、设备、水电等资源。CPU、BMC、GPU、内存接口芯片、交换机芯片等是基础设备的重要构成。基础设备提供商将这些设备出售给 IDC 厂商或云服务商，其中服务器是基础网络的核心构成，占到硬件成本的60%—70%。光模块是实现数据通信的重要光学器件，广泛用于数据中心，光芯片是其中的核心硬件。云计算产业最终服务于互联网、政府、金融等广大传统行业与个人用户。智慧海洋工程产生和需要的海洋大数据具有多尺度、海量性、复杂性、动态性和时空特性强的特点，能够对大规模、分布式以及对结构化和非结构化、半机构化数据进行处理。海洋数据挖掘与分析涉及的数据量大、计算模型比较复杂，包含大量结构化和非结构化数据，而云计算平台能够处理大量数据，并且具备良好的扩展性、可靠性，支持对异构多元数据的处理，能够满足智慧海洋建设数据分析处理的需要，是一种非常适合智慧海洋数据处理的平台架构技术。

2017 年 6 月 13 日由自然资源部发布并于 2018 年 9 月 1 日起实施的《海洋信息云计算服务平台系统架构规范》中，将海洋信

---

① 云洁：《基于云计算的软件教学实训平台的设计与实现》，《数字技术与应用》2021 年第 2 期。

息云计算服务平台（Cloud Computing Services Platform for Ocean In-formation）定义为：一种运用云计算技术，发挥云计算虚拟化、高可靠性、通用性、高扩展性以及快速、按需、弹性的服务特征，统筹利用已有的网络、存储、计算、海洋数据等信息资源，为涉海领域提供基础设施、支撑软件、应用系统、信息资源、运行保障和信息安全等服务的海洋综合业务信息化系统。作为中国首个海洋信息云计算和云服务相关的行业统一标准，该规范在统筹考虑资源、运行、管理、保障、安全等要素的基础上，明确了云平台管理架构、云平台资源架构、云平台运行架构、云平台保障架构和云平台安全架构等内容，将为"数字海洋"信息系统建设提供规范性技术指导，从而为海洋信息云计算服务平台顶层设计、建设实施、应用服务和运行技术提供保障，对大力发展海洋信息云计算和云服务技术、提高中国海洋信息化水平、推动海洋事业发展，可以起到有力的推进作用。

二　海洋信息智能化应用服务群

基于云计算的海洋大数据库和分析系统在海洋事务中发挥着至关重要的桥梁和使用终端的作用，是智慧海洋工程中的输出端和用户端，为满足智慧海洋在不同场景的需求而提供各种应用服务。目前海洋信息智能化主要应用于海洋监测体系的构建、近海海域综合调查、海洋防灾减灾等方面，建设海洋大数据平台成为海洋信息智能化应用的主要手段之一。海洋大数据平台建设，一方面通过信息技术将搜集的原始海洋大数据进行清洗、去噪、集成等预处理，提高数据质量。另一方面整合现有相关海洋大数据资源，如国际海洋科考数据、国家海洋信息数据、各地市海洋数据等，实现各层级数据的综合再利用。同时，通过数据交换，实现与气象、水利、地质、环保等部门的数据共用共享。使用关联分析、可视化分析、知识挖掘、数据融合等大数据分析处理方法，可以发现海洋大数据的使用价值并拓展应用空间，如海洋产业精准发展、海洋遥感数据应用、海洋生物基因数据利用、智慧海洋牧场综合管理、水产品质量追溯、海洋综合信息服务等方面，以及海洋灾害监测预警方面，如水产养殖疫病、海洋生物种群监测、海洋资源环境、海洋自然灾害、海水污染、水产品市场等监测预警。国外海洋大数据平台有美国联邦海洋数据系统、法国海洋数据实验室的 Nephelae 平台项目、欧洲海洋观测数据网 EMODnet、韩国海洋大数据平台等。近年来，中国也从国家和省、市等层面开展了海洋大数据库和平台的建设。例如由国家海洋信息中心牵头建设的国家海洋科学数据中心、中国科学院海洋研究所海洋大数据中心、深圳市海洋综合管理信息平台等。

海洋大数据的应用，一方面需要构建海洋智能计算科学、海洋数据科学和海洋信息科学等基础理论方法体系，另一方面需要构建基于超算技术的海洋物联网智能协同技术体系。还需要设计海洋大数据与人工智能标准规范体系与开放共享平台，提供海洋大数据的应用产品服务。这些技术和体系的构建，都不是单一部门和机构能够独立完成的，需要相关科研院所和部门联合开展。可利用发展海洋大数据的机会，联合全省相关研究机构，为多方协同创新发展提供有益探索。

第四节　大数据助推海洋产业智慧化

在新一轮科技革命和产业变革背景下，全球正面临空前的密集创新，产业的发展也从信息化到数字化，并逐渐走向智慧化阶段。如果产业的信息化和数字化，是利用现代信息技术、互联网和人工智能等对传统产业进行的全方位、全角度和全链条的改造，使得数字技术与实体经济充分融合发展，那么产业智慧化则是在此基础上的更高阶段。产业智慧化是在产业数字化的基础上，达到产业发展感知自动化、信息数字化、信息传播网络化、服务自动化、管理智能化和决策智慧化。目前，农业、工业、交通、旅游、物流以及城市建设等领域都在走向智慧化。智慧海洋建设，其根本目的还是服务经济和社会的发展，海洋产业智慧化发展，正是实现这一目的的重要手段之一。

一　以科技创新提升智慧海洋产业能级

海洋产业智慧化发展离不开信息技术和海洋科技的发展，通过积极运用大数据、云计算、人工智能等信息技术来赋能海洋产业发展。一是加快推进基础设施高端化发展。以近海 4G、5G 为重点，实施通信公网入海计划。以科考船、志愿船、浮标、潜标、水下滑翔机、机器人等为依托，构建船联网、浮标网和集群网，推动形成海洋物联网络产业集群。重点突破声、光、电、磁四大类新型传感器技术，开展高效能、智能化、高分辨的海面激光测风、水面波浪谱、水下温盐链、海底地形地貌地质和生化要素原位观测等高端智能传感器谱系的研发及产业化。加大自主研发力度，在海洋人工智能芯片、导航定位等核心技术，在智能漂流浮标、波浪滑翔机、无人帆船、深海智能潜标、深海航行器、海底能源站六大类海洋观探测系统领域实现突破，构建海洋智能装备自主制造产业链。在沿海地市建设国内一流的现代化海洋工程装备制造基地，打造海洋高端装备产业集群。

二是大力推进海洋产业智慧化发展。推进海洋牧场数字化发展，加快建设国家深远海绿色养殖试验区和国家级海洋牧场示范区，推动海洋牧场采捕装备机械化、深水大网箱"投鱼、喂饵、起捕、清网"智能化、生态环境监测数字化，高水平建设"智慧海上粮仓"。面向苗种生产、海水养殖和捕捞等海洋渔业发展需求，搭建科研院所和企业协作平台，鼓励引导企业参与构建重要经济动物基因组、微生物组、育苗养殖生产等信息采集和分析处理技术体系，为精准育种、精准养殖和精准捕捞提供信息支撑。实施"蓝色药库"开发计划，建设国家深海基因库，研发大规模海洋药物虚拟筛选、分子智能设计等核心算法及软件系统，助推海洋创新药物快速发展。打造国际一流的海洋数据信息产业集群，围绕观测、调查、计算和文献四大类海洋大数据资源，突破大数据的自动汇集、高效传输、海量存储、实时分析和智能服务等关键技术，建设国际一流的海洋大数据开放共享与交易服务体系。完善海洋大数据共享开放机制，积极推动海洋大数据产业园建设。加快培育海洋产业新技术、新产业、新业态和新模式，大力发展智能制造、智慧港口、智慧航运、智慧旅游等"智慧＋"海洋产业。构建海洋精细化工数字孪生和工业互联网体系，打造绿色化、综合化和高值化的新型海洋化工生产业态。构建药物靶点、海洋天然产物及其衍生物等大数据体系，形成海洋药物大数据产业服务平台。研发大规模海洋药物虚拟筛选、分子智能设计等核心算法及软件系统，助推海洋创新药物快速发展。以深远海调查、南北极科考、蛟龙号深潜等内容资源为依托，构建海洋数字文旅智慧服务平台。以关心海洋、认识海洋、经略海洋为创作主题，利用5G、虚拟现实、人工智能技术进行文创、动画、影视、线上海洋等艺术创作，创新发展海洋文旅产业。

三是着力提升海洋管理智能化水平。围绕海洋水文气象、电磁声场、资源环境等对人工智能技术的共性需求，研制自主可控、通专一体、云端融合、服务高效的智能计算装备，构建海洋智能平台"深海大脑"，打造人工智能产业服务高地。推动沿海港口生产管理与5G、人工智能、北斗、物联网、数据中心等新技术和新基建设施的深度融合，提高港口生产管理的自动化、智能化水平，建设智慧港口。建设海洋生态物联网体系，开展近岸、近海海域生态环境监测监管、海洋生态风险预警评估、陆海统筹的生态环境精准治理等技术研究，打造近岸近海海域智慧生态安全保障服务体系。

四是紧跟科技前沿加大创新应用力度。要不断跟踪科学研究与技术创新领域的最新进展，了解即将出现的新技术，以便将科研成果应用到海洋产业智慧化发展之中。一方面近年来海洋领域涌现了许多先进技术和理念，如高性能传感器、水下运载体、各类成像与地理测绘技术、生物基因技术、基于生物和非生物的可追踪技术，满足用户个性化需求的低成本微型卫星等。要加快推进这些先进技术和理念在海洋领域的推广和应用，提升海洋产业的智慧化水平。另一方面是计算机技术在海洋领域的使用，人工智能和云计算，以及各类高端算法等，这些技术在产业发展、监测服务、数据采集和挖掘分析方面的突破和应用，势必能够带来海洋产业智慧化水平的大幅度提高。要关注计算机科学与技术的最新进展，加速推进信息技术在海洋领域的融合应用，为智慧海洋建设提供智慧支撑。

二 以顶层设计统筹产业智慧发展全局

海洋产业智慧化涉及发展改革委、工信厅、海洋局、大数据局等多个部门，尽管山东省组建了山东省委海洋发展委员会，在山东省委领导下统筹海洋事业发展，但是在实际操作中，也面临多头管理、各自为政的问题。因此，需要做好顶层设计，统筹海洋产业智慧化发展相关部门，全面推进智慧海洋建设。

一是充分发挥省委海洋发展委员会职能。山东省委海洋发展委员会的组建，是用好改革开放"关键一招"、加强海洋领域制度创新、深入挖掘和释放海洋生产力的重要举措。要切实发挥山东省委海洋发展委员会及其办公室的职责，做好全省海洋事业的统筹谋划、综合协调、整体推进和督促落实等工作，整合山东省涉海管理部门和涉海机构，形成合力，推动海洋产业智慧化发展，持续推进海洋强省建设。

二是成立智慧海洋联盟。由政府主导联合山东省涉海院校、科研机构、涉海企业，成立智慧海洋产业联盟，做好联盟内部信息交流、资源共享和科技联合攻关，加大联盟内科技成果和大数据共享，推进智慧海洋工程建设，加快海洋产业智慧化发展。创新联盟运作方式，依托联盟打造智慧海洋"政产学研金服用"创新创业共同体建设，激发市场活力，提高服务效率和科技成果转化效益。

三是做好全局战略性顶层规划设计。对接国家智慧海洋工程建设，按照国家标准制定智慧海洋建设纲领和海洋产业智慧化发展规划，确定发展目标、发展布局和重点内容，做好全局战略性顶层设计并坚持"一规到底"。建立贯彻新发展理念的海洋产业智慧化发展政策体系，推出包括财政、金融、产业、科技、生态等方面内容的综合性政策。建立包含统计体系、绩效评价体系等一系列海洋产业智慧化发展的指标体系，为海洋产业智慧化发展提供数据评价支撑。

第九章　海洋经济大数据应用及对策

　　海洋大数据涵盖数据采集、通信传输、处理分析、存储管理、共享和应用服务，以及数据质量、标准和安全等完整的数据收集、管理和使用流程、技术体系。随着海洋大数据在防灾减灾、监测预报、生态环境和海洋管理等方面的应用，中国已经在数据收集、大数据分析处理、大数据存储使用等方面积累了大量的经验，同时各地也出现了海洋经济应用的探索。但是总体来说，海洋经济大数据的应用还没有引起足够的重视，在很多情况下是以人文社会大数据的形式作为海洋大数据的一个补充类型，并没有对海洋经济大数据的应用价值进行深入的挖掘。其中，海洋大数据的应用难度较大、限制因素较多是客观原因，但是也存在缺少大数据思维、重视程度不够等主观原因。

第一节　海洋经济大数据应用挑战

　　海洋强国建设对海洋大数据的应用提出了迫切需求，"智慧海洋"工程也离不开海洋大数据，随着海洋大数据应用深度和广度的不断提升，海洋经济大数据的应用也会逐渐引起人们的重视。但是，相较于体系建设比较完善的海洋大数据（海洋自然大数据），海洋经济大数据的应用还存在诸多的限制因素。

一　大数据自身的局限性

　　尽管自大数据概念提出到应用推广，确实改变了一些商业模式和人类的思维模式，对社会的方方面面均有所推动，其价值本书之前已经进行了详细的论述，但是并不表明大数据在今后就一定会取代"小数据"，大数据应用本身也存在诸多的局限性。

　　一是数据样本的限制。大数据因其巨大的体量成名，但是在海量的数据中，有价值和有用的数据往往只是其中的很小一部分，其难点在于找到有价值的那一部分或一小部分数据，在这种情况下，大数据的大体量就成为其不可避免的劣势。因为各种无意义的垃圾数据、重复数据和错误数据也会随着数量的增加而大量增加，形成了数据的噪声问题。数据噪声不仅会使人们浪费很大的精力和技术、时间去噪，而且会淹没人们真正需要的重要数据信息，甚至会引导数据处理者进入歧途和陷阱，得出错误的结论。除了数据噪声，数据的真实性在大数据应用中也尤为重要，也是大数据的数据样本不可避免的限制。真实性是一切数据的价值基础，但是由于采集手段和验证手段的限制，数据失真是大数据的一个先天性缺陷。例如作为大数据重要来源的互联网，充斥其中的大量假账户、假交易、灌水帖等各类虚假信息也进入大数据的采集范围，在运用网络爬虫等信息技术获取数据时，计算机程序只能获取具备一定限制条件的数据，而无法辨其真伪，如截取女性对某一事件的观点，程序能够将网络上所有以"女性"身份自居的账号信息和观点收集起来，却无法判断这些发出女性观点的账号到底是谁录入的（即使是实名制，也不能保证不出现盗用、冒用账号的情况）。而通过原始方法采集的各类信息，也难以保证真实、准确，即使一对一面对面地进行采访和问卷填写，受访对象也会因面子或其他想法而提出或填写虚假信息。数据的可验证性也是保证其真实性的一个方面，大数据收集具有高速、大量和多样等特点，并且一般大数据都是由机器设备、传感器或程序自动摘取，很难设定验证标准，而对其进行逐一核实也是不现实的，因此无法保证收集的数据的真实性和准确性。使用无法保证真实和准确的数据分析得来的结论，其真实有效性就变得让人质疑。对错误和虚假数据的消除和处理，以及对数据的验证工作庞大复杂，至今还没有有效而简洁的手段，即使是抽样数据也无法完全保证真实性和可验证性，对真实性要求更高的大数据更是一大挑战。另外，大数据的全样本目前仍是一种理想的状态，简单来说，大数据一般就来自两个方面，一是自然世界的科学数据，由人们按照一定的程序收集而来，比如科学实验产生的数据、观测记录的数据、传感器收集的数据等，这类数据受人类科技水平限制较大；二是来自人类社会活动所产生的数据，如生活娱乐数据、互联网数据、社交数据、商品交易数据、行动轨迹数据等，这类数据处于时刻变化之中，存在很多收集的盲区。即使随着"元宇宙"技术的发展，人类能够以数字形式生存和生活在"元宇宙"之中，那也是只能收集"元宇宙"内的数据，而真正的物理世界仍存在无法触及的角落。同时，因为大数据的取样和收集不采用随机手段，那么被遗漏的数据部分往往不是随机偏差而是系统偏差，属于统计分析必须考虑的部分。也正是因为这些原因，社会学家往往对大数据的代表性保持着一定的质疑和审慎，在许多领域仍坚持用传统的随机抽样和实地调查方法来进行社会学研究。

　　二是数据相关关系的限制。大数据应用的一个重要方面是寻找相关性，甚至是抛弃因果关系只寻找相关关系，即从过去发生或者正在发生的事情来推断和预测未来发生的事情。这种忽视因果关系而只对相关性的追求，在过去和个案上非常有效，有些时候会成为人类直达某一目的的捷径。但是整个人类社会的进步是建立在掌握世界客观规律并运用的基础上，在人类社会发展早期，限于科学发展的水平，人们对自然现象有诸多畏惧，对于电、光、火等自然现象和人们生活现象之间没有客观的认识，产生了鬼神说、生殖崇拜、宿命论等各种精神寄托，从某种意义上讲，这正是缺少对自然界客观因果关系的认知而造成的。正是科学的发展改变了这一状况，科学的目的是探寻和发现世界运行的原因、机制和原理，人类对于万物因果逻辑的追求，才能够举一反三迭代更新，促进人类社会的不断发展和进步。大数据在相关关系方面的应用，尽管是一个重要方面，但也不能因此放弃对因果关系的追求。而通过相关性对未来的预测，在某种程度上讲是对过去和现在的归纳和总结，已经发生的事情在一定程度上能够对将要发生的事情进行影响，并且能够表现出一定的趋势性，但是决定事情发展趋势和方向的根本原因还在于事情发展的内在因素和相互作用。过去和现在只能在一定程度上决定未来，对于十分不确定和瞬息万变的现实世界，有许多事情是无法预测的，过分依赖大数据和预测模型，会让人们陷入让过去决定未来的陷阱。

三是数据价值性的限制。大数据具有低密度价值的特征，大数据价值挖掘的投入和回报的比率，也限制了大数据的大范围研究与应用。一方面，因为大数据的低密度价值特征，要在大量数据里面找寻可用信息和价值，就必须保证有足够大规模的数据积累，否则不能够完全挖掘数据价值。以监控视频数据为例，在24小时不间断的视频监控中，有用的数据往往只有几分钟甚至数秒钟，如何在海量的视频监控信息中有效截取有价值的片段，现在仅靠程序是无法完成的，还需要人工进行甄别。而为了少量的有价值的数据，不得不对大量的数据进行保存，也就对优化存储提出了要求。如何存储、加工、分析和处理海量的大数据并提取有效价值，目前仍是大数据应用的一大难题。另一方面，大数据的价值对数据量的依赖，也使得许多企业和组织在掌握数据量不够或者未达到相应数据规模的前提下，无法发挥大数据价值，这就限定了大数据的应用往往集中在行业的龙头企业或者专业数据领域，而无法进行普惠应用。同时，大数据对样本真实性和完整性的追求，也使得错误样本和数据造成的结论误导更加严重，不仅会大大降低数据的价值，甚至会产生致命的负面作用。而为了获取大数据，企业需要安装各类传感器和架设计算机终端等物联网设备，以及使用各类自动化的辅助手段，不仅十分依赖于硬件设备，还需要信息技术和人才的支撑。如果购买数据服务，则需要支付高昂的数据使用费，如 2022 年，北京比特大陆科技有限公司在推进海上风电业务的过程中需要风场、波浪场、流场等海洋环境分析数据，花费 23 万元购买了相关海洋领域专业数据；中国海洋大学为了开展相关领域的研究，花费 32 万元购买了包括海洋天气预报数据等在内的多项海洋领域专业数据①。因此，无论是对大量数据的获取还是分析处理，都需要耗费大量的资金、技术和时间，也就是说尽管大数据蕴含很大的价值，但其使用成本高昂。大数据源的多源性、多样性、异构性也给大数据统计分析带来了很大的挑战。在大数据收集和分析处理过程中，还存在许多技术局限，攻克这些技术难题更是需要大量人力和物力的投入。

四是数据安全性的限制。大数据的安全问题，一直是困扰大数据应用的重要方面。因为数据采集要求真实性、客观性和全面性，所以在采集的过程中，对于附加其上的国家安全信息、个人隐私、商业机密等信息数据很难进行界定和限制，尤其是商业领域，存在为了追求利益而无视数据和技术背后隐藏的价值观的现象。如大数据的应用对于客户信息收集十分依赖，但是这些商业数据收集的界限非常模糊，有的企业甚至故意收集客户的隐私数据和机密数据加以利用，严重侵犯了客户的隐私权。典型的案例是大数据精准推送

---

① 数据山东：《全国首个海洋大数据交易服务平台交易额破百万》，https://mp.weix-in.qq.com/s/GgeuV6cR_ 8zQb_ t9VyxmiQ，2022 年 10 月 15 日。

的广告、推销以及利用大数据进行精准诈骗,大数据成为窥探和利用个人隐私的信息手段,使得大数据在商业上的应用越来越受到人们的诟病。尽管这类现象的出现大多是由于不法企业和组织的肆意妄为,或者是企业信息和数据安全意识淡薄对客户数据信息的收集和使用超过了隐私保护的界限,造成了客户信息的泄露和个人隐私的侵犯。但是公众对于隐私和信息数据安全的需求和关注,客观上对大数据的应用提出了限制。美国作为大数据应用推广较早的国家,一直十分重视数据安全,尤其是涉及国家利益的数据,在2014年白宫就发表书面声明,要将大数据的使用和社会价值创造限制在该国倡导的"隐私、公正、平等、自主"的基础上。中国也于2021年通过了《中华人民共和国数据安全法》,规范数据处理活动,保障数据安全,将大数据的应用放在维护国家主权、安全和发展利益的前提之下。数据的安全性虽然限制了大数据的使用和商业价值挖掘,但也是大数据科学合理应用的保障。

二 海洋经济大数据应用限制因素

除了大数据本身的局限性和技术的限制,海洋经济大数据在应用过程中,管理体制和运行机制等也是限制因素。具体来说有以下几个方面。

一是海洋经济大数据确权难和共享不畅的限制。经济数据是人们经济活动所产生的数据,在一定意义上具有公共产品属性,海洋经济也是如此。海洋经济由于涉及产业部门较多,数据收集有一定的难度,目前来看大部分掌握在政府手中。而有些海洋经济管理部门由于职权和绩效的问题,会将海洋数据作为部门资源加以管控和利用,将不具备排他性和保密性的海洋经济大数据占为己有,限制其他部门和人员使用。海洋经济大数据权属不清的问题,极大地限制了数据的共享和流通。除此之外,目前中国很多行政部门将经济指标作为主要考核目标之一，海洋经济也不例外。有些部门也会为了部门利益，将收集和掌握的海洋经济大数据作为部门考核的重要砝码，海洋经济大数据本身涉及面广、体系松散，如果再加上这些人为限制，更加不利于应用推广。

二是海洋经济大数据获取途径的限制。海洋经济大数据除了采集难度较大，即使已有数据，在获取途径上也存在较多障碍。当前，海洋经济大数据主要为政府部门及大企业所掌握，如前所述原因不会轻易出售或公开这些数据，权属不清也限制了数据的流通和交易。因此，一方面，从事海洋经济相关研究的专家很多时候难以直接获取核心的海洋经济大数据资源来支撑他们的研究，研究深度和广度不够，无法从理论上支撑大数据的价值挖掘和应用推广。另一方面，尽管作为决策者的主管部门掌握一定量的海洋经济大数据，但是受自身水平及法律等多方面限制，也难以对其充分利用。这导致在目前的海洋经济研究中，大数据作为研究对象获取难度较大，涉及海洋经济大数据的相关研究较少，而决策者的支撑作用又因为缺少理论和方法而无法发挥。海洋经济大数据不同于一般的商业大数据，涉海企业想要利用海洋经济大数据作为自身发展资源，也苦于渠道限制而无法轻易实现。

三是海洋经济大数据处理技术使用的限制。大数据的分析处理需要计算机和信息技术的支撑，而掌握大数据处理技术并非易事。大数据是源于计算机领域的术语，经济学家们最近十余年才开始真正关注大数据。基于大数据的研究融合了各个学科，其中包括计算机、数学、经济学，甚至心理学等领域的知识。因此，对于不少经济学家来说，机器学习、数据挖掘等方法并非其所长，一些复杂的研究需要计算机和数学方面的专家协助完成，这给大数据应用于经济领域造成了一定限制。海洋经济大数据的应用同样面临技术使用的限制。不光海洋经济研究人员缺乏对大数据处理技术的了解，涉海企业经营者在整体理念上也缺乏大数据思维。海洋经济大数据的应用，是技术和理念的结合，是典型的跨学科应用，这对海洋经济研究者、决策者和从业者都提出了很大的挑战。

四是海洋经济大数据数理模型的限制。由于大数据应用对计算机技术的依赖，经济学家对大数据的研究也多以商业大数据为对象，基于大数据的区域经济和产业分析方法的相关理论基础尚未夯实，尚未有成熟的大数据应用数理模型。一方面，高维的大数据容易使变量间产生相关性。虽然可以通过降维的方式缓解这一问题，但不同于传统计量经济，大数据降维的理论意义目前仍有争议。另一方面，学界对于大数据研究方法的本质仍未达成一致，具体表现在大数据样本和抽样样本的研究方法方面，基于大数据的研究方法是否仍是像传统统计那样的样本分析，还是属于基于总体样本的分析？对于真正的总体，大数据是否也只能算其中的一个大样本，甚至可能是有偏差的大样本？这些问题还在困扰着研究界。目前，基于大数据的经济分析主要是对变量间相关性的探讨，而未涉及因果关系，因此需要进一步提高基于大数据的经济解释能力。近年来，海洋经济的研究才逐渐从定性研究转向定量研究、从宏观战略转向微观产业，海洋经济的数理分析模型多以套用经济分析模型为主，也同样面临大数据研究理论和方法的空缺。

第二节　海洋经济大数据应用对策

一　树立大数据思维

要充分发挥海洋经济大数据的作用和价值，推动海洋产业智慧化发展，首先要转变思维态度，一是要贯彻数据决策理念。数据决策简单来说就是让数据说话，改变以往主观臆断为主、重视定性忽视定量分析，要推行以客观数据为基础的科学决策，避免决策的主观性。海量的大数据为科学决策提供了全方位的参考，全样品的数据基础以及实时或准实时的反馈，为决策提供了预测和反馈功能，能够提高海洋综合管理决策的科学化、社会化、智能化。要改变以往"拍脑袋"式的决策和"一刀切"式的执行，在分析大数据的基础上精确掌握产业经济实时动态，开展精准的监测预警和预期管理服务，提升管理决策的智慧化水平。二是要坚持数据开放共享理念。大数据具有天然的公共资源属性，取之于民要用之于民。避免将大数据当作本部门的垄断资源，破除数据即权力的观念和信息"孤岛"现象。要加大海洋经济大数据的开发共享力度，制定出台相应政策法规，建立大数据标准规范体系，深度融合各类海洋信息资源，构建"一站式"大数据服务平台，通过大数据的共享应用，打破信息"孤岛"，提高大数据在产业智慧化进程中的利用效率。大数据的最大优势在于非排他性和可重复性。大数据被誉为新时代的"石油"，只有在不断的流动和反复利用过程中才能充分发挥和挖掘其最大的价值，利用"互联网＋"的技术实现数据的互联互通和共享使用，可以创造更多的经济和社会价值。目前海洋经济大数据开放程度不够，同时由于获取的渠道限制，数据获取成本高，缺少长期共享合作的机制。海洋经济管理部门较多，相关部门之间的业务、区域交织重叠，部门合作也存在诸多限制。因此，海洋经济大数据的共享使用，可以作为打破部门间业务、区域等条框限制的探索，创新共享机制和数据管理模式。实现从国家层面到地方层面的纵向数据、地方部门间的横向数据的互联互通和共享使用，能够最大限度地发挥大数据的作用，避免了重复收集和统计。要建立一定的机制让海洋经济大数据不仅在政府部门内部流通，还要保证社会、企业，尤其是从事海洋经济相关研究人员的数据共享和使用。个人、企业和社会组织也是海洋经济创新发展的主体，海洋经济大数据面向社会免费共享，能够大大激发民间海洋经济的热潮，释放全社会海洋经济发展的创新活力。转变思维方式，则主要是推广大数据全样本观念，尽管无法收集绝对意义上的"全样本"数据，但是在海洋经济管理和相关政策决策过程中，一方面要以海洋经济大数据为基础，充分分析海洋经济发展相关影响因素，统筹海洋经济发展整体，促进海洋各产业协调发展，避免以偏概全；另一方面要发挥大数据相对抽样数据注重全样本的特征，尽可能多地收集和存储海洋经济大数据，为经济分析和管理提供全方位的数据支撑。

二　构建海洋经济大数据平台

目前，中国各地已建成多个海洋综合管理信息平台，如山东省目前已建成山东省智慧海洋大数据平台、青岛西海岸新区智慧海洋管理平台等相关海洋大数据管理平台，海洋大数据在海洋综合管理、海洋产业现代化发展的应用方面实现了突破；深圳市建立了海洋综合管理信息平台，在海洋预报和防灾减灾方面发挥了重要作用。但目前海洋综合管理平台普遍存在协调性不足、分析运用能力有限及功能模块不全等问题，同时缺少海洋经济大数据应用模块，没有挖掘海洋经济大数据的利用价值。通过建设和完善海洋综合管理信息平台，一方面能够探索数据开放的可行性。海洋相关从业者、研究者及民众，都有使用海洋大数据的权利。建立海洋综合信息管理平台，能够加强统筹协调，提高海洋大数据的开放水平。同时也能够加强统一管理，保证海洋大数据的优质度和安全性。另一方面能够提升海洋产业的智能化水平。通过海洋大数据收集和应用构建海洋产业网络化发展，开拓海洋产业方面的电子商务市场。通过建立渔民基础信息、涉海生产经营主体、涉海科研机构、海洋科技推广队伍等海洋产业发展服务的基础信息数据库，推出满足特定需求的垂直化产品和服务，全面提升海洋产业智慧化水平。

三　健全大数据安全制度

海洋大数据的应用离不开数据安全。首先要重视大数据相关立法工作，完善大数据宏观法律体系，规范个人信息保护体系。其次要做好各领域大数据应用发展政策的落地和实践。近年来，工业和信息化部、国家发展和改革委员会、自然资源部和农业农村部等部门均在各自领域推出有关推动大数据应用发展的指导意见和实施方案，但基层地方政府层面缺少实施细则。各级政府部门应积极推出地方性配套法规，对大数据应用的各个环节进行规范，不断完善大数据微观应用法规体系，促进中国大数据安全制度建设。最后，还要加快海洋经济大数据的标准制定工作，用标准规范打破创新壁垒。海洋经济行业多、类型多，涉及面广，大数据的发展和应用离不开标准体系的建设和完善。标准规范的不统一，使得行业间、系统间难以形成有效"对话"机制，或者交互联通成本高，海洋经济大数据很难真正流动起来，也就无法实现其价值，发挥作用。只有建立和完善海洋经济大数据标准，才利于海量数据的收集、融合、分析和处理，进而挖掘数据价值，创新数据利用模式。目前中国已经出台了海洋大数据标准和海洋经济相关行业标准和统计标准，但是海洋经济大数据标准化工作还需要进一步深入。海洋经济涉及业务部门多，数据类型更是多种多样。海洋经济大数据多样化的数据来源，以及不同渠道的收集标准和参考体系、数据的格式和管理的组织方式等各不相同，一方面能够保证数据收集和管理的效率，有利于不同管理部门内部数据的管理，推动大数据快速成型和应用。但是另一方面不同的划分方式和尺度，以及各种各样的编码，为跨部门检索、整合与流动带来了困难。全面开展海洋经济大数据的应用，要探索多源异构的海洋经济大数据一体化的组织方法和模式，规范化和标准化的海洋经济大数据是打破数据壁垒、实现互联互通和共享使用的前提。在标准化的前提下，构建统一的数据模型对海洋经济大数据进行分析处理和价值挖掘，也是现阶段海洋经济大数据应用的重点。

主要参考文献

一　中文文献

（一）著作

黄冬梅、邹国良等编著：《海洋大数据》，上海科学技术出版社 2016 年版。

经济合作与发展组织（OECD）：《海洋经济 2030》，林香红、宋维玲等译，海洋出版社 2020 年版。

刘宇等主编：《中国网络文化发展二十年（1994—2014）·网络技术编》，湖南大学出版社 2014 年版。

千年生态系统评估项目组：《生态系统与人类福祉：评估框架》，张永民译，赵士洞审校，中国环境科学出版社 2007 年版。

石绥祥、杨锦坤、梁建峰等：《海洋大数据》，海洋出版社 2022 年版。

［英］维克托·迈尔 – 舍恩伯格、肯尼斯·库克耶：《大数据时代：生活、工作与思维的大变革》，盛杨燕、周涛译，浙江人民出版社 2013 年版。

吴朝晖、陈华钧、杨建华：《空间大数据信息基础设施》，浙江大学出版社 2013 年版。

于志刚主编，熊建设、张亭禄、史宏达编写：《海洋技术》，海洋出版社 2009 年版。

（二）期刊、报纸、学位论文、网络文献

曹可、苗丰民、赵建华：《海域使用动态综合评价理论与技术方法探讨》，《海洋技术》2012 年第 2 期。

陈菲、王蓉：《基于大数据的海洋安全治理论析》，《太平洋学报》2021 年第 7 期。

戴洪磊、牟乃夏等：《我国海洋浮标发展现状及趋势》，《气象水文海洋仪器》2014 年第 2 期。

高建文、肖双爱、虞志刚等：《面向海洋全方位综合感知的一体化通信网络》，《中国电子科学研究院学报》2020 年第 4 期。

郜阳：《上海海洋大学"数字海洋"团队研发智能服务平台 驾驭大数据 准实时预警海洋灾害》，《新民晚报》2018 年 12 月 24 日。

郭雷风：《面向农业领域的大数据关键技术研究》，博士学位论文，中国农业科学院，2016 年。

郭溪：《卫星互联网在智慧海洋领域的应用展望》，《电脑知识与技术》2021 年第 13 期。

韩宝宁：《基于大数据的区域经济对航运发展的驱动研究》，硕士学位论文，重庆交通大学，2018 年。

韩增林、胡伟、李彬等：《中国海洋产业研究进展与展望》，《经济地理》2016 年第 1 期。

侯雪燕、洪阳、张建民等：《海洋大数据：内涵、应用及平台建设》，《海洋通报》2017 年第 4 期。

侯永水：《浅谈对海洋调查船主机的管理》，《海洋开发与管理》2010 年第 10 期。

李国杰、程学旗：《大数据研究：未来科技及经济社会发展的重大战略领域——大数据的研究现状与科学思考》，《中国科学院院刊》2012 年第 6 期。

李环：《"大数据"应用于经济领域面临的问题与对策》，《技术经济与管理研究》2015 年第 10 期。

李健、赵世卓、史浩：《考虑海洋环境突发事件的大数据海陆协同治理体系研究》，《科技管理研究》2015 年第 17 期。

李静：《遥感技术在海域使用动态监测系统中的应用》，硕士学位论文，南京师范大学，2012 年。

李外庚：《中韩海岸带管理制度比较研究》，硕士学位论文，中国海洋大学，2010 年。

林明森、张有广、袁欣哲：《海洋遥感卫星发展历程与趋势展望》，《海洋学报》2015 年第 1 期。

林同勇：《海域使用动态地面监视监测内容探析》，《海洋开发与管理》2014 年第 6 期。

刘帅、陈戈、刘颖洁等：《海洋大数据应用技术分析与趋势研究》，《中国海洋大学学报》（自然科学版）2020 年第 1 期。

吕建华、曲凤风：《完善我国海洋环境突发事件应急联动机制的对策建议》，《行政与法》2010 年第 9 期。

钱程程、陈戈：《海洋大数据科学发展现状与展望》，《中国科学院院刊》2018 年第 8 期。

宋晓、梁志翔：《海洋大数据迈向标准化》，《中国自然资源报》2022 年 3 月 15 日。

孙金波：《整体性：基于我国海洋环境管理的视角》，《温州大学学报》（社会科学版）2014 年第 3 期。

田馨：《大数据驱动下的旅游公共服务精准化供给研究》，硕士学位论文，内蒙古大学，2020 年。

王彬：《深圳市智慧型经济服务平台建设研究》，硕士学位论文，广西师范大学，2019 年。

王冬海、卢峰、方晓蓉等：《海洋大数据关键技术及在灾害天气下船舶行为预测上的应用》，《大数据》2017 年第 4 期。

王恩辰、韩立民：《浅析智慧海洋牧场的概念、特征及体系架构》，《中国渔业经济》2015 年第 2 期。

王钧超：《大数据时代产业经济信息分析及在宏观决策中的应用——以钢铁行业为例》，博士学位论文，中国地质大学（北京），2016 年。

王琪、刘芳：《海洋环境管理：从管理到治理的变革》，《中国海洋大学学报》（社会科学版）2006 年第 4 期。

王权、刘清波、王悦等：《天基通信系统在智慧海洋中的应用研究》，《航天器工程》2019 年第 2 期。

王文逸：《美国大数据战略的国家利益分析》，硕士学位论文，郑州大学，2018 年。

余芳东：《大数据在政府统计中的应用、瓶颈及融合路径》，《调研世界》2018 年第 11 期。

张弛：《大数据视阈下地方政府治理创新研究——以江苏省泰州市为例》，硕士学位论文，东南大学，2019 年。

张雪薇、韩震、周玮辰等：《智慧海洋技术研究综述》，《遥感信息》2020 年第 4 期。

郑海琦、胡波：《科技变革对全球海洋治理的影响》，《太平洋学报》2018 年第 4 期。

郑婷婷：《人工智能在智慧海洋建设中的应用》，《中国海洋平台》2021 年第 5 期。

周傲英、金澈清、王国仁等：《不确定性数据管理技术研究综述》，《计算机学报》2009 年第 1 期。

《CIDEE 发布〈我国数据开放共享报告 2021〉》，https：//m.thepaper. cn/baijiahao_ 14403594，2021 年 9 月 7 日。

工业和信息化部：《"十四五"大数据产业发展规划》，https：//www. gov. cn/zhengce/zhengceku/2021 – 11/30/content_ 5655089. htm，2021 年 11 月 15 日。

广西壮族自治区海洋局：《我国海洋管理主要法律法规》，广西壮族自治区海洋局网站，www. hyj. gxzf. gov. cn，2020 年 10 月 16 日。

《国务院关于印发全国主体功能区规划的通知》，https：//www. gov. cn/gongbao/content/2011/content_ 1884884. htm，2010 年 12 月 21 日。

海洋经济研究中心：《速看〈海洋及相关产业分类〉新国标实施在即，海洋经济统计工作要关注这些重点》，https：//www. sohu. com/a/540778415_ 120397721，2022 年 4 月 24 日。

《海洋碳汇核算方法》，https：//gi. mnr. gov. cn/202210/t20221009_ 2761188. html，2022 年 9 月 26 日。

《数字强省 l 发力数字基建，这是山东的打算》，https：//www. jiemian. com/article/6459465. html，2021 年 8 月 9 日。

《山东联通助力经略海洋战略　赋能智慧海洋》，http：//sd. people. com. cn/n2/2022/0419/c386785_ 35230482. html，2022 年 4 月 20 日。

二　外文文献

Buono, D., Mazzi, G. L., Marcellino, M., et al., "Big Data Types for Macroeconomic Nowcasting", *Eurostat Review on National Accounts and Macroeconomic Indicators*, No. 1, 2017.

Durack, P. J., Wijffels, S. E., Matear, R. J., "Ocean Salinities Reveal Strong Global Water Cycle Intensification During 1950 to 2000", *Science*, Vol. 336, 2012.

Fukuda, G., Shoji, R., "Development of Analytical Method for

Finding the High Risk Collision Areas", *TransNav-International Journal on Marine Navigation and Safety of Sea Transportation*, Vol. 11, 2017.

Kai Shen, Zhong Liu, Dechao Zhou, "Research on Shio Classification Based on Trajectory Feature", *Journal of Navigation*, Vol. 71, No. 1, 2018.

Kim, D. G., Hirayama, K., Okimoto, T., "Distributed Stochastic Search Algorithm for Multi-ship Encounter Situations", *Journal of Navigation*, Vol. 70, No. 4, 2017.

Li, L., Lu, W., Jiawei Niu, J., et al., "AIS Data-based Decision Model for Navigation Risk in Sea Areas", *Journal of Navigation*, Vol. 71, No. 3, 2018.

Liu, Z., Liu, J., Zhou, F., et al., "A Robust GA/PSO-Hybrid Algorithm in Intelligent Shipping Route Planning Systems for Maritime Traffic Networks", *Journal of Internet Technology*, Vol. 19, No. 6, 2018.

Michele Vespe, Maurizio Gibin, Alfredo Alessandrini, et al., "Mapping EU Fishing Activities Using Ship Tracking Data", *Journal of Maps*, Vol. 12, No. 1, 2016.

Park, K. S., "A Study on Rebuilding the Classification System of the Ocean Economy", *Center for the Blue Economy in Monterey Institute of International Studies*, Monterey, California, 2014. 10. 11.

Sullivan, C. M., Conway, F. D. L., Pomeroy, C., et al., "Combining Geographic Information Systems and Ethnography to Better Understand and Plan Ocean Space Use", *Applied Geography*, Vol. 59, 2015.

UNECE Task Team, "Classification on Big Data", *UNECE Wiki*, June, 2013.